简单收纳

创造有序居家环境的365个贴士

〔美〕 玛瑞琳·伯恩（Marilyn Bohn） 著

张文思 蒋纯龙 郝培杰 译

山东画报出版社

目 录

前 言　　　　　　　　　　　　　　　　　　　　　1

第一章　重要的收纳理念　　　　　　　　　　　3

第二章　时间　　　　　　　　　　　　　　　　15

第三章　正门入口处和出门需带的物品　　　　35

第四章　收藏品　　　　　　　　　　　　　　　47

第五章　厨房和餐厅　　　　　　　　　　　　　65

第六章　家庭办公区　　　　　　　　　　　　　83

第七章　起居室空间　　　　　　　　　　　　103

第八章　儿童游戏和艺术创作区　　　　　　　115

第九章　卧室　　　　　　　　　　　　　　　131

第十章　服装及配饰　　　　　　　　　　　　143

第十一章　盥洗室、衣橱和洗衣区　　　　　　159

第十二章　工艺品和珍藏品　　　　　　　　　175

第十三章　储藏空间　　　　　　　　　　　　189

结 语　　　　　　　　　　　　　　　　　　201

感 谢　　　　　　　　　　　　　　　　　　203

前　言

现在你手中捧着的是一本值得一读的资源收纳书，它有助于满足一切基本的收纳需要。书中提供了你家中近乎所有物品的收纳方式，以及各种小贴士和小点子。

其实，在启动家中物品收纳的大工程之前，你无须把这本书从头到尾逐页读完，但是我建议开工前请认真研读下第一章——"重要的收纳理念"。

等你对收纳的概念有了一个大致了解，并明确了家中所需归整的物品后，你就可以直接跳到整理相关物品所在的那一章节了。

这本书的内容与我跟客户分享的收纳心得一样。作为一个专业的收纳师，有一天，我在做日常工作时，突然意识到我服务的许多女士（尽管不是每一个），问我的有关收纳的问题都基本相同，如果我能写一本有用并且可以随手翻阅的收纳书，用来集中回答她们的问题，那何尝不是一件乐事？书里可以提供一些小贴士，并且解答一些关于房间或空间的具体问题。我希望你读过这本书后，再做家居收纳工作时，会感到得心应手，就好像有一位收纳专家伴在身边，可以随时回答你的各种问题一样。希望这本书能给你好的建议和创意，帮你达到每一个收纳目标。

1

第一章

重要的收纳理念

- 创造自己的收纳美学
- 不要一味追求完美
- 分类行事
- 杜绝房间一片狼藉
- 切勿触景生情
- 有条不紊地进行
- 使用收纳筐
- 从里到外收拾房间
- 分类收纳
- 一件物品，一个位置
- 把东西放在能用得着的地方

- 让收拾东西变得容易
- 优化日常空间
- 优化储藏室空间
- 用完就收好
- 随手设个"捐赠箱"
- 保持地面整洁
- 日日清理
- 睡前整理
- 收纳是为明天做好准备
- 制订计划，重审空间

这一章里面的小条目适用于任何收纳计划。应用这些理念能够使整理的过程清晰透明，并且保证你行事有条不紊。当你制订计划或者做收纳备忘时，运用这些理念肯定大有裨益。

如果你做事时时都遵循这些收纳理念，井然有序就会成为你的一种生活方式。生活会有改变，环境亦如此，所以，你需要不断更新家里的收纳体系。

创造自己的收纳美学

通常来说，人们认为只要房间或某个区域干净、简朴便是收纳整齐了。我们总是把收纳与一些特殊的美学思维联系在一起——尤其是许多杂志所倡导的。事实上，收纳并不是指一切物品看上去都有板有眼。这是你自己的家，你应该让它符合自己的审美标准，并且让自己感到舒服。

如果你能轻松地在自己的房间里找到所有你想要的东西，那么，你的房间就是井然有序的。按照这个标准来说，只要房主准确地知道房间里每件东西的位置，那么即便这间屋子不那么整洁，也可以做到井井有条。

如果你不喜欢复杂的摆设，那么就让你的收纳工作灵活一些。当你需要某件东西时，可以很容易地找到，并且在用完后及时归位，这就很好了。比如，你不一定要让自己收集的影碟都按照首字母顺序排放，只要它们都归整在一起就不错了。你只要进行一定的归类，就足以轻松地找到你想要的那一张光盘。

不要一味追求完美

看到杂志上那种光鲜亮丽的图片，我们总会感觉爱恨交织。它们确实能给家居收纳带来一定启发，但是同时它们也容易让我们气馁，因为我们都深知无法达到图片中那种完美的程度。不要再拿自己的家和美图作比较了。你的家无须非得看上去跟杂志上的图片一样井然有序。

只要你把东西放在随手可取的地方，而你和你的家人也都觉得这种收纳方式很舒服，那就足够了。收纳无须做到尽善尽美（甚至不用时时刻刻打扫房间），让收纳为你服务才是重点。

分类行事

充分利用你的时间，在一天的生活开始前，列出你当天所要做的事情，然后区分单子上每个条目的先后顺序，并且把可以一起做的事情归类，比如打电话、装东西或者代人跑腿。这样才能做到省时、省力。

杜绝房间一片狼藉

不要再买你不喜欢、用不着或者压根不需要的东西了。如果一件东西符合上述任何一个条件，或者你没有足够的空间安置它，那么即使再实惠也不该买。

不要订阅那些你从来都不看的杂志。把你的名字从那些广告接收列表中清除，这样就不会收到那些把你房间弄得乱糟糟的成堆的垃圾邮件了。

如果你曾经收藏的东西现在已经不喜欢了，那么就不要再继续收集此类物品，并且告诉你的家人和朋友们，不要再送给你类似的东西做礼物了。

切勿触景生情

很多人总是喜欢留着某些东西，因为他们相信那些东西是有感情的。如果你担心自己会忘记某件用过的东西，那么给它拍个照，把这份回忆放进相册或者剪贴簿里，并写下关于它的最好的回忆。现在，你可以把它扔掉，从此，你对该物品的情感尘封在剪贴簿中而非记忆深处。

扔掉某些祖传的东西是很艰难的抉择，但是你要明白一点：你无法留住每样东西。只选择留下那些寄予了你最多感情的旧物，其他的都留给你的家人、朋友或慈善机构，只要他们用得着就行。当你要把某样东西传给晚辈时，记得跟他们分享与这物件有关的故事。象征荣誉的东西应该放在家里合适且正确的位置展示出来，或者把它们好好收起来。

慢慢来

你一定知道龟兔赛跑的故事：尽管乌龟的行动速度比兔子迟缓许多，但乌龟击败了兔子赢得比赛，它所做的只不过是慢慢地坚定地奔赴终点。这个道理对收纳整理也同样适用。一次只做一点，这样你就不会感到精疲力竭。

当你开始着手一项大工程时，将你的定时器设定为每隔二十分钟响一下。保证每隔一段时间便能停下来休息一下。否则，一次做很多，你就会觉得没了动力，而且负担过重了。当你完成这一项大工程的时候，你会因为自己竟然在不知不觉间慢条斯理地做了这么多事而备感惊讶。

要想让房间彻底摆脱混乱的状态，我们通常会低估所要花费的时间。如果你觉得整理房间需要一个小时，通常总要花上九十分钟甚至两个小时的时间。所以，如果收纳工作所用的时间比你预计的要长，也不要为此感到沮丧。

使用收纳筐

无论是整理物品还是打扫房间，都用一个大篮子或者大盒子来盛那些本应该放在别的房间的东西。这样你就不用到处奔波于各个房间，从而可以集中精力做手头上的事。当你完成收纳工作时，把篮子或箱子搬到别的房间，再把里面的物品放到它们应在的位置即可。

从里到外收拾房间

收拾房间时按照从里到外的顺序：先收拾里面——抽屉、箱子、橱柜，然后收拾房间余下的部分，比如地板表面及地板空余的地方。之所以这样做，出于以下三个理由：

拿出来的东西要有地方放置。

你必须在抽屉、箱子或者橱柜中腾出一些空间来盛放那些散落在外面的东西。

这样每件东西只用整理一次。用不着把东西都统统塞进橱柜，然后把它们都拿出来，再把橱柜里面整理一遍。

分类收纳

类似的东西指的是那些通常来说差不多的东西，或者那些基本相同的东西（比如你的影碟），或者我们为了达到一个共同的目的而使它们相互之间具备一定关系的物品（比如你为了某个特别嗜好而准备的所有物品），可以将它们归为一类。

把类似的东西放在一起，这样，当你特地想要其中某个东西时就会很容易找到。比如说，你把所有的影碟都放在客厅的小柜子里，当你想要找其中某部电影来看时，即便家里再乱，你也能直奔小柜子把它找出来。

在家里不同的地方多备上几件类似的东西。比如说，剪刀是各处所需的工具，办公室、厨房、工作间等地方都可能会用到。每个房间都放上备用品，并把类似的东西放在一起。

一件物品，一个位置

你一定很少听到有人说："在能够容纳所有东西的地方，每件东西都在它应在的位置。"当每件物品都有了自己的归属地，自己家里的东西样样俱全，且每件物品都有特定的位置，你就能轻而易举地找到它。有些东西之所以"无家可归"，是因为它们被随手乱放在原本不应属于它们的地方。

如果你不知道某件特殊的东西应该放在哪儿，而且它可能会把家里弄得很乱，那么，就应该好好想想，当你需要用到它时，通常都会去哪里找，然后在那个地方为它设置一个固定的"家"吧。

把东西放在能用得着的地方

这是为了省时、省力。你整理收纳这些东西，就是为了能够让它们信手拈来、整齐可见，并且用后可以轻易地收回原处。比如说：把餐洗净放在靠近水槽或洗碗机的地方；把碗碟放在大家能够轻易拿取的地方，这样也便于大家把它们从洗碗机中拿出来后就放回原处；把毯子和床单放在离卧室近的房间；把健身器材集中放在一起，同属于某个运动类型的器材单独放进一个箱子，并把这些箱子集中放在一个地方；每个浴室都分别放上洗漱用品。

让收纳变得容易

拿出来总是比收好要容易得多，所以应让收纳变得容易一些。提前设置一个收纳体系，把家庭成员的生活习惯以及喜好都考虑在内，这要比单纯地作出改变容易得多。

优化日常空间

将家里的空间按主次程度排好顺序，这样可以节省时间，也减少不必要的麻烦。这里所指的空间包括架子、抽屉、房间的某个部分或者整个房间。可以按照以下的准则给家中的空间排序：

常用空间：这一部分空间是指那些你在日常生活中用得最多的区域，人们最容易接触这个区域，东西放在这里最易取用也便于收回。把那些常用的东西放在"常用空间"。比如厨房的抽屉和小柜子、客厅中的书架或置物架上与视线平齐的那一格、卧室里的衣柜横杆、地板、简易架、博古架和医药柜（把卫生、医疗用品都放在最后这个地方）。

次要空间：这个空间是指架子上层或者较低层的位置、衣柜后侧和其他虽然有用但是多少有些不便于取用物品的地方。你需要弯腰，或者用梯子、其他垫脚工具才能拿到它们。你可以在这一类的空间存放那些一周也就用上一两次的东西。或许用的时候将其取出需要费点力气，但是也还好啦，因为毕竟不是每天都要用到嘛。

次存储空间：听起来很高端，其实就是存放那些接近"储存"状态的东西，也就是说你一年用一两次的东西。比如节日装饰品、分季节使用的餐盘、换季的衣服和露营的用品，或去海滩玩耍的用品。把这些东西放在可以取用的地方，但是用不着占用家中特别好的位置，可以把它们放在阁楼或储藏间里，循环使用衣柜和客厅的空间就是了。

优化储藏室空间

当你储藏某些东西时，也应该按照"长期储藏"和"短期储藏"对其进行分类。短期储藏的物品指每年至少会用到一次的那种，比如季节性的衣服和节庆装饰品。

长期储藏的物品指的是那些需要保存，但几年也用不了一次两次的东西，甚至有的压根就不会再用到。可能是那些你为已经成年离家的子女留下的童年纪念品，或者你希望将来传给后人或其他家庭成员的祖传的东西。这些长期储藏的东西可以堆放在众多物品的最底层，也可以放在架子的最高层或最底层。

用完就收好

乱上加乱。最初可能只是因为随手扔了一件小东西，最终导致一大堆东西堆在那里。要求自己把东西用完放好，不要随手乱扔，当你再一次乱拿乱放时，问问自己是不是之后要花更多的时间给它们归位。

就像我朋友常说的那样："要放就放好。""花上几秒收好，否则，下次花上半天也找不着。"

随手设个"捐赠箱"

在车库或壁橱里放置一个大袋子或者大盒子，标明"捐赠物"，如果你发现有什么用不着，或者不想要的东西，立刻放进捐赠箱中。等这个箱子满了，就放到当地二手店处理掉，或者捐给慈善机构。

保持地面整洁

地面最容易成为混乱的症结所在。只要上面放了一件东西，别的东西就有可能接踵而至、互相堆叠，直到这些原本不属于这个地方的杂物覆盖了整个平滑的表面。

给家人制订一条规矩：不能随便放置任何原本不属于那块地方的东西。可以在平坦的位置摆一个显眼的盒子，或别的什么器具作为这些杂物的安置地。用行动遵守你制订的这条规矩，然后把这些杂物收走。如果它们的主人想要将其赎回去，必须付钱或者为这个家额外做一些工作才可以。

如果这些东西太久没人认领，就把它们捐给慈善机构吧。

日日清理

当你发现有些东西不在原位时，立刻把它们放回原位。不要等到要用的时候才发现找不到。将你不想保留的东西，放进捐赠箱中。收纳工作并不一定要等到时间充裕再做，而是从点滴小事做起，这样方能做到随时整理。

睡觉前整理

每天晚上花五至十分钟整理家中的每个房间，包括其他家庭成员的房间：把白天你拿出来的每样东西放回原处；把所有用过的碗碟拿到厨房的水槽或洗碗机里；把毯子、枕头、玩具收好；把楼梯过道和装其他物品的篮子清空。每天坚持这样收拾一下，就能保证家里不再杂乱。

收纳是为明天做好准备

每晚都为第二天做好准备，把第二天早晨你需要的东西归整到一起：摆好第二天要穿的衣服；检查一下孩子的作业本是否放进了书包里；将第二天的午餐盒打包收拾好；看看日程表，确认一下第二天需要用到的物品，比如运动器材、支付午餐的零花钱，或者第二天要外出办理的事情。把这些东西统统摆在家门附近。检查手机或其他设备的电池是否充足，如果有必要就连夜给它们充电。

制订计划，重审空间

因为一个地方即便已经收纳整齐，也并不意味着它将一直保持整齐的状态而不再改变。每隔几个月就重新检查一下抽屉、碗柜、衣柜，把那些杂物放在该放的地方，看看那些你已经收进去的东西，是否还想把它们留在那里。或许出于你对某些物品用途的改变，你会找到更好的收纳方式。

第二章

时间

1. 心无旁骛地工作

2. 制订每日计划

3. 明确每日日程

4. 养成日常习惯

5. 使用家庭日历

6. 确立重中之重

7. 列明清单

8. 时刻记录

9. 善用计时器

10. 量力而行

11. 学会说"不"

12. 三思而后行

13. 尽可能多地把工作委托给别人

14. 放弃成为一个完美主义者

15. 拒绝畏惧

16. 安排好休息时间

17. 克服拖延症

18. "怎样吃掉一整头大象？一次一小口。"

19. 合理规划使用手机的时间

20. 合理使用电子邮箱

21. 适度使用电脑

22. 整合各种差事

23. 磨刀不误砍柴工

24. 制订好用车计划

25. 学会机智地"一心二用"

26. 美好的一天从夜晚开始

27. 学会选用正确的工具

28. 学会做好预防性维护

29. 尽可能多地活用小标签

30. 杂乱无章会浪费时间

31. 做事要一气呵成

在不得不做的事情上，我们都希望少花些时间，以便能把更多的精力投入到我们所热衷的事物及兴趣爱好上，投入到我们的家人和朋友身上。想要在一天中完成所有的事，时间永远是不够用的。

如果你制订好了一天的计划，并努力去实施，那么你能更快地完成既定工作，你也会因此得到更多的时间去做些想做的事，而不是去做那些不得不做的事。学会并善用本章中的小技巧，能帮你更好地节省时间。

1.心无旁骛地工作

无论是在单位还是在家中，当你不被电话、邮件或者其他人打扰或分散注意力的时候，工作效率将会大大提升。

当你在家工作的时候，可以告知家人，你在某个特定的时间段内不希望被打扰（然后全身心地投入工作，以向家人表明你是认真的）。

可以在孩子小睡的时候工作，或者请个保姆照顾孩子几个小时。也可以和朋友约好每周轮流照顾彼此的孩子一段时间，这样也可以给你和你的朋友都创造一个休息的机会。把电话调到语音信箱，然后集中在某个预定的时间一起回复。

在办公室的时候，关掉邮件提醒，把电话设为免打扰状态，这样，你就可以专心致志地工作了。

2.制订每日计划

制订每日计划是让生活变得有条理的最有效的方法之一。通过这种方法，你可以仔细回顾每天、每周甚至每月都具体做了哪些事情，这样不仅避免了出现分身乏术的状况，又能帮你更有效率地分配时间。

选择一种更符合你个人风格的计划记录形式，可以是纸质的，也可以是电子版的，但是必须确保其便于携带。

除去其他内容，你的计划中还应该包括：

每日的约会情况；

需要做的事情列表；

需要参加的活动；

地址和电话；

需要送的礼物清单；

购物清单；

生日和其他周年纪念日；

孩子要参加的活动。

3.明确每日日程

明确每日日程能确保你不会忘记并且更有效率地完成日常工作。

制订一个符合你自己生活方式的日程表，可以写在日历上，也可以写在记事本上——纸质版或电子版均可。

首先需要列清每日需要做的事务：

起床时间；

上午日常事务；

用餐时间；

工作或上学的时间；

例行约会、会议等；

锻炼时间；

就寝时间。

然后以上述日常活动为基础，来计划安排其他活动。

对自己每天能完成多少工作，要做到实事求是。

当自己给自己安排的工作超出了能力范围时，你很有可能给自己制造了巨大的压力，并且很有可能以失败收场。若某件事未能完成，你又坚持想做完的话，可以将其安排进次日的计划里。

4.养成日常习惯

日常习惯的养成有助于减轻压力。当你专注于那些自己想做和需要去做的事务时，思绪会变得平静。良好的日常习惯也会让每天的生活更有条理。和成人一样，孩子也喜欢按常规做事，因为这样能让他们在生活中产生一种约束力和安全感。

要灵活地应对每天都会遇到的事。比如开个家庭会议，通过头脑风暴等方式让家庭成员之间明确每天具体需要做些什么。用一块白板或者在日历上列出详细的日程表，然后严格遵守。常见的惯例如下：

早晨：洗漱打扮，吃早饭，整理卫生，做做家务，一天的生活就开始了；

放学/下班之后：整理书包或公文包，做做家务，写写作业；

晚餐：做饭，布置餐桌，饭后清理餐具；

睡前：洗漱，整理卫生，准备迎接第二天的生活（比如，挑选好第二天要穿的衣物，并把它们放在一起；整理好第二天要用的背包），并简单地收拾一下屋子。

你也可以针对一周中某些特殊的日子或某些定期的活动，比如演习、会议或其他重大事件，来制订一些特殊的处理方案。

5.使用家庭日历

对于一个忙碌的家庭来说，拥有一份记录了每个家庭成员每天日程安排的日历是非常必要的。

那种上面有足够的空白区域用来记录家庭成员每日活动的大型墙式日历，效果就非常不错。把它挂在大家每天都看得见的地方，比如厨房的墙上。

为了使日历上记录的内容简单易懂，可以让每个家庭成员使用不同颜色的笔进行记录，这样，一眼就可以看出每个人一天的动向。也可用一种特殊颜色的笔标出需要全家一起参与的活动。尝试一下这种方法，但是如果你感觉这种方法太过混乱或者太过费时、费力，那么只用一种颜色就好。不要放弃使用日历，要弄清楚如何让日历在你和家人的生活中发挥重要作用。

最迟每周一次，或者当有新活动加入的时候，把你的私人日历和家庭日历对比一下，确保不会有漏记或者重复记录的情况。

6.确立重中之重

根据事实情况确立先后顺序，能有效地帮你理清思路。通过划分优先级，你能清楚地知道哪些事情是不得不做的，然后按照一个行之有效的顺序逐个完成，即可达到你想要的效果。这也会使你感到一切尽在掌握中。

可以通过下面的方式建立优先级系统：

最重要的事：很明显这些活动都是你无论如何都必须完成的。

一般的事：这些事是你觉得应该努力去完成的。它们虽然不是绝对必要的，但也是值得一做的。

不重要的事：这些事也是可以做的，但前提是时间充裕。

把时间花在重要的事上，至于那些无关痛痒的事，就顺其自然吧。

7.列明清单

凡事都要列明清单。清单简明易懂，添加或删减都很方便，这样，你就可以把重要的信息整理到手头上，而不是花费时间把所有的事都记到脑子里。建立三张主要的任务清单：每天的、每周的和每月的。每当完成一件事之后，就把它从清单上划掉。还有一些其他有用的清单，比如：

食物清单；

要打的电话；

要办的差事（按目的地和方便程度排序）；

礼物清单（包括已经购买的和想要购买的，以及礼物的尺寸）；

计划；

想法；

目标。

8.时刻记录

记录某项工作或者活动的过程，会为你下次再做的时候节省时间。举例来说，当你策划一个派对时，可以记录一下来宾名单、菜品清单、装饰情况、游戏种类等。派对之后，评估一下这些布置中哪些效果显著，哪些不尽人意，并记录下来。

当你查询一个电话号码时，你可以把它编辑在手机里，或者记录在便签上，因为你很有可能以后还会用得到；

在电脑上制作一个物品打包清单作为模板，每次旅游的时候都打印出来；

制作一个食品、杂品购物清单作为模板，具体到食品杂货店的货物及通道安排。

9.善用计时器

每当开始一项让你觉得有负担的工作时，比如刷碗、填写表格、整理房间等，或者着手每一件让你着迷的事情时，比如查看邮件、浏览网页等，你最好为自己设定一个时间限制。这样当时间耗尽时，你就会专心地工作，而不是盯着计时器一直看。当你尝试在规定时间内完成任务时，你的工作效率会更高。而且当计时器响起的时候，你也可以选择暂时停下，而不是被艰难繁杂的工作压垮。设立了这个界限，你就可以避免因花费过多的时间而导致最后手忙脚乱、辛苦赶工的窘境。

10.量力而行

把需要耗费大量体力和脑力的工作安排在一天之中精力最充沛的时间段。当你精力充沛时，做什么工作都会变得更加容易，也更加简单，因为你的思维更清晰，所以，就会变得更加专注而且更有效率。

当你开始工作之前，先确定要达到的目标，然后制订详细的计划并全力完成。当你筋疲力尽时，可以停下手头的工作了，或者最起码也要休息一会儿。有时候换换脑筋，把思路转移到其他的事情上，会在一定程度上恢复你的精力。

11.学会说"不"

学会在拒绝别人的时候不会心有愧疚，这样你就可以更从容地制订自己的计划，减轻自己的压力。

拒绝不意味着自私，这样就可以把最宝贵的时间留给你自己和家人，用来做你已经承诺过的事。

拒绝意味着让别人也能有机会去体验一下付出的感觉，并从中受益匪浅。

拒绝能让你保持健康，因为学会拒绝就不会因日常琐事而导致
筋疲力尽，压力过大了。

12.三思而后行

当有人要求我们承担新的义务时，我们经常会感到些许的尴
尬。与其立即接受或者当场拒绝，不如给自己设定一个考虑的期
限。面对生活中所有情况，都应该三思而后行。

如果你面对某个机遇感到兴奋，你就可以在应承下来之前先考
虑一下这个机会是否符合你的日程安排，或者想个办法把它也加到
你的安排中去。

如果你对某个机遇感到不安，那么你可以更加从容、委婉地拒
绝，而不应该因为心怀愧疚或因其他原因被迫当场就接受。通常来
说，比起当面拒绝，间接的拒绝方式会更加委婉，更能被人接受，
比如打电话或者发邮件。

13.尽可能多地把工作委托给别人

学会把工作委托出去，你可以节省大量的时间，也可以让家
人为了将来的生活尽可能多地磨炼生活技能，从而建立信心。当你
把更多的工作委托给他人的时候，你自己就有更充裕的时间可以支
配，可以去做那些想要去做和更需要去做的事情。当让孩子接触
某些新事物时，要陪着他们一起学习，直到他们真正弄懂其中的道
理。不要仅仅告诉他们如何去做，而要亲身示范。这样，孩子会学
得更快，你也就能更早抽身去做其他事。

让孩子学会自我评价，然后告诉孩子你的想法。做得好的地方

要多多夸奖，这比单纯的批评更能让孩子有所进步。

当孩子完成任务目标时，要保持跟进。当你和孩子都确信事情做得正确无误时，你就可以只做一些周期性的检查。但对待错误，要及时改正，不要因为负罪感就隐瞒不说。

14.放弃成为一个完美主义者

过于追求完美，会给人造成很大的压力，而且从事实上讲，不可能达到真正的完美。

完美主义者经常会出现拖延的情况，他们做事的时候因为太过追求完美，反而经常会感觉无从下手。所以，即使花费了很多心思，耗费了很大精力，事情经常还是一拖再拖。

完美主义者一般不会把事情委托给别人做，经常缺乏大局观，但是如果想要做到节省时间，这两点是必需的。

人贵自知，要认清自己的实际能力，放弃所谓的完美主义。

以完成工作为荣，即使在你看来，完成得并不完美。就像谚语里说的那样：双鸟在林不如一鸟在手。

15.拒绝畏惧

如果你因为害怕失败而拖延某项工作，那么不妨先做其中一部分试试看。如果结果不尽人意，那么大可从头再来；如果结果还不错，那就可以顺势完成整个工作。无论如何，你都算是正式开了个头，并将慢慢地克服自己的恐惧。记住，畏惧会让你浪费大量的时间。

16.安排好休息时间

研究表明，人们在经过良好的休息、充足的睡眠之后，思维更加清晰，精力更加充沛，工作更有效率。所以，要保证给自己安排足够的睡眠时间。同时，也要给自己留出适当的休闲时间，以确保在工作和生活的重压之下，精神能够得到适当的放松。

哈佛医学院的心理与生理药学的赫伯特·本森（Herbert Benson）博士曾明确表示："通过休息，你体内产生的生理变化将会抵消压力产生的不良影响。"

当你休息的时候，不要浪费时间去思考那些琐碎繁重的工作或其他需要做的事情，那样会适得其反。记住，在长时间的工作过程中，适当的休息绝对会让你工作效率更高，注意力更集中，身体状况更好。

17.克服拖延症

通过下面的理念来克服拖延症：

选择你精力最充沛的时候开始某项工作。

从最简单的开始做起，逐步建立起自信。

列表标明需要做的事，然后按部就班地完成，每完成一项就划掉一项。

根据自己在特定时间内的工作效率，设立一些切实可行的目标，从而保证时间的宽裕度。

确保开始工作的时候不会被打扰。

可以尝试每天坚持抽出小部分时间来做某项工作，你会惊讶于自己每天坚持15分钟所取得的进展。

每当完成一个小目标的时候，要犒劳一下自己；当工作彻底完成的时候，更要好好地犒劳一下自己。

不要想太多，尽管放手去做！面对最难的部分，可以试着每天抽出少量的时间来进行，然后慢慢地把时间延长，这样就不会被压垮。

18."怎样吃掉一整头大象？一次一小口。"

大工程一般都伴随着大压力。面对这种情况，如果我们小题大做，草木皆兵，那很容易一而再再而三地拖延下去，而且压力和愧疚的情绪也会慢慢滋生。我们往往过分关注的是怎么把这个大工程做完，而不是怎么直截了当地把事情搞定，时间就是这么浪费掉的。

如果我们每次都做一部分，坚持下去，那么再大的工程也会变得不那么棘手，再大的压力也会变得不那么可怕。

要总揽大局，科学合理地将工作分割成一个个小部分。

针对整个项目的完成情况，作一个目标计划，明确为达成目标所需的工作量。

不要急于突进，要缓慢入手，哪怕是龟速前进。给自己计时十五到二十分钟，看看究竟能完成多少工作。或许你不知不觉就达到了预期的目标。

19.合理规划使用手机的时间

方便的时候可以接接电话，但没必要电话一响就要去接。当你需要全身心投入到某项工作中时，就让那些电话转到语音信箱吧。最好设定一个指定的时间段用来接收信息和回复电话。

提前规划出那些可能持续很长时间的电话，那样就能做到心中有数。

在家里可以规划出一个"电话中心"区域，用来放置手机和充电器，确保想用的时候就能找得到。养成每晚给手机充电的习惯。在这个区域里，放置一些记事本、铅笔和钢笔，这样，来电时记录信息的时候会更加方便。

20.合理使用电子邮箱

可以设定一个不被打扰的时间段用来阅读、整理电子邮件。

从收件箱顶端开始，把每封邮件看一遍。

可以用话题、人名、项目名或其他你认为合理的方式建立文件夹，并将相关邮件整理进去，这样就能始终保持收件箱是空的。

可以用邮件过滤器减少垃圾邮件的数量，收到此类邮件，就当垃圾一样删了吧。

标出那些你在今后的两到三天内需要保持跟进的信息，如果你想把它们整理进某个文件夹以清空你的收件箱的话，可以专门建立一个"保持跟进"文件夹，并经常查看，以确保不会遗漏某项工作。

21.适度使用电脑

浏览网页、看博客，都是消磨时间的利器。给自己设立一个上网时限，让电脑到时间就自动休眠，去做一些别的比较要紧的事。

如果是因为工作原因不得不长时间使用电脑，那么做一个列表，标明自己需要完成哪些工作，并严格按照此表去做，以保证你能全身心投入到工作中。

22.整合各种差事

当你做些需要跑腿的差事时，有很多种方法能让你更有效率。

首先需要确定本周需要完成哪些跑腿的工作。然后可以规划一下每天的任务量，或者干脆单独挑出来一天，一口气完成所有的差事。根据实际情况作出切实可行的计划。

一般都需要按照地理位置分组规划这些差事，如果能顺路买一些自己需要的商品，可以节省更多的时间。

尽可能地合并这些杂活。举个例子，当你下班回家的时候，或者因为某种约会需要离开家的时候，你可以顺路完成些琐事。这样节省了时间，节省了汽油，也减少了车辆损耗。因为，频繁折腾会毁了你的爱车。

如果需要到商店退换某件商品，可以把它放在家门旁，或直接放进车里，这样，你下次出门的时候就不会忘记了。

23.磨刀不误砍柴工

排队等候将浪费你大量的宝贵时间。可以通过下面的小贴士来避免：

不要在人流高峰期购物。工作日的上午，或者晚餐时间，都是逛商店最惬意的时候。要尽量避免周末购物。

在网上订购音乐会、电影、戏剧或者体育赛事的门票。

尽可能把和医生的预约时间安排在每日之初。

对于理发、美甲等工作，尽可能提前预约好时间，而不是随性去做。

在出门旅行之前，确定那些你想要去游览并需要买票的地点，然后尽量提前把票买好。

随身带本书或者其他一些简单的小玩意，以应付排队时的百无聊赖，这是个练习一心二用的好时候。

24.制订好用车计划

可以和其他孩子的家长通过拼车的方式送彼此的孩子上学，或去参加其他的课外活动。

在接送孩子参加某项活动的时候，可以顺路做一些跑腿的杂事以节省时间、汽油，并减少车耗。

当你的孩子要求你开车载他们去对你来说并不方便去的地方时，学会心安理得地拒绝，并帮他们想想其他的出行方式。在处理这些问题的过程中，你的孩子也会了解到你什么时候方便接送他们。

25.学会机智地"一心二用"

下面是一些有助于你同时处理几件工作的方法。当你做一件事时，要尽量兼顾另一件事，比如：

当你做家务时，可以同时打开洗碗机或洗衣机做些清洗工作；

　　当你在用跑步机或固定式自行车锻炼时，可以挑一本书看，或者用笔记本电脑处理一些工作；

　　当慢跑或者开车的时候，可以听一听有声读物；

　　看电视的时候可以叠叠衣物，或者做些手工活；

　　当晚餐还在烤箱或者锅里的时候，可以布置餐桌，摆放碗碟。

　　当两项重要的工作同时稳步进行的时候，就是所谓的机智地"一心二用"。

26.美好的一天从夜晚开始

　　为了避免早上手忙脚乱的窘境，我们要在前一天晚上尽可能多地做好准备工作：

　　准备好第二天要穿的衣物；

　　装好午餐；

　　整理好作业或其他需要带出家门的文件，统统装进包里；

　　晚上的时候把冰箱里的冰冻果汁拿出来，以便第二天早上食用；

　　确定好第二天的饮食计划，用小贴士提醒自己给肉类解冻，或者去购买某些其他的必需原料。

27.学会选用正确的工具

　　无论你在干什么工作，一件趁手的工具会节省你大量的时间和精力，而且效果更好，完成速度更快。

一般来说，初次做某件工作的时候，尝试和探索所花费的时间通常要长于实际操作所需要的时间。当你买工具的时候，脑海中只需要想一件事——节省时间，所以买最好的准没错。你或许还能因此省去某些额外的费用。

同时，家里的工具，一定得是能用的。把坏的、没法修理的或实在太难用的工具统统扔掉，或送去回收。旧的不去，新的不来，当你需要用某样工具时，也再不会因为发现它坏了而郁闷了。

28.学会做好预防性维护

古语有云："防微杜渐。"真正在生活中实践的话真是省时又省钱。

将爱车送去做定期保养，以预防可能出现又费钱又费力的大修；每三个月清洗或更换一次吸尘器过滤器；每两年更换一次烟雾报警器中的电池，既能保证安全，又能免去可能出现的尴尬局面。比如，在凌晨两点被烟雾报警器低电量蜂鸣叫醒，而被迫在黑暗中苦苦摸索。

29.尽可能多地活用小标签

无论何时，无论何地，尽可能地活用标签——箱子上、抽屉上、架子上、文件夹上等都可以贴上标签。虽然把这些小东西写好再贴上去可能会花费你几分钟时间，但从长远来看，这能帮你节省大量的时间。通常在如下的情况中，标签能为你节省大量的时间：

寻找某样东西；

放置某件物品；

清理某个区域；

整理某块地方。

标签能在精神上为你减轻许多不必要的消耗，也可以让其他家庭成员记住物件摆放的具体位置。一定要在塑料储物箱上标出其内容，你以为自己会记得里面装的物品，但以后很有可能根本记不住。

30.杂乱无章会浪费时间

你或许已经意识到杂乱无章的摆放会占用很多额外的空间，也会让你心神不宁，但你是否知道它同时也将浪费你大量的时间呢？当你周围所有的东西都摆放得混乱不堪，而又需要某样东西的时候，找寻的过程会浪费你大量的时间。当你有某样东西但无论如何却找不到的时候，你将不得不浪费时间，重新再花钱买一次。一件东西买两遍，又将加重混乱的程度，进而更加拖慢你找东西的速度，这很快就形成一个恶性循环。

打破这种恶性循环最好的办法就是：只留下你认为有用的和有趣的东西。这样，你找起来会更加便捷，需要保留的东西也更少，节省了将物品清理和归类的时间。

31.做事要一气呵成

只要你用完了某样东西，就把它放回原处。脏盘子放进洗碗机，文件放进文件夹或者某个专门的箱子，衣物放进衣柜或者洗衣篮，湿毛巾挂在钩子上。

　　将物品用完后随即放回原处，远比暂时搁置回头再整理更加节省时间。你或许认为回头再做能为你节省时间，但实际上，你一般不会很快就回来处理，然后周围的摆放就开始一点一点变得越来越杂乱无章，直到你发现自己有一大堆东西需要规整。做事一气呵成，才能真正节省时间。

第三章

正门入口处和出门需带的物品

32. 正门的入口处是房间的展示

33. 拒绝杂乱，让台面干净整洁

34. 在门口安放鞋柜

35. 发挥衣橱的作用

36. 把防寒物品存放起来

37 让雨具取用方便

38. 钥匙用完要归位

39. 计划簿固定放置

40. 轻松找到手机

41. 设立移动设备小站

42. 为书包安个家

43. 使用试卷夹

44. 快速准备好午餐

45. 为办公用品设立一个存放点

46. 轻松记得需要归还的物品

47. 宠物配件方便可取

48. 出行归来重整出行包

49. 买大小合适的手提袋

50. 给你的手提袋瘦瘦身

51. 让包里的物品各就其位

52. 将太阳镜放入眼镜盒

53. 放在车里的东西

54. 拿进车里的东西必须拿出去

55. 把可重复使用的袋子放回车里

56. 使用后备厢收纳格保护运动装备

57. 限制出行所带玩具的数量

32.正门的入口处是房间的展示

家是可以带来和睦氛围的港湾。这种感觉从入口处就扑面而来。在这里，对你家的第一印象便深深印刻在来访者的脑海里。如果正式的大门并不是主入口，放在这里的物品绝对要少，仅仅用作标示即可。放一块擦鞋的小地毯、一个衣帽架和一个伞架就足够了。

33.拒绝杂乱，让台面干净整洁

保持你家入口的台面整洁而有吸引力。如果入口看起来很不错，你就不会把它弄得乱七八糟了。在进门的桌子上放一件吸引人的装饰品或者花卉，并告诉你的家人不要再把七七八八的东西放在上面了。如果这里是放钥匙和手机的最佳选择，那么用一个好看的篮子来盛放它们，选择配套的充电器也要尽量美观。

34.在门口安放鞋橱

把入口处的鞋子移开，可以保持地板的整洁。门口散乱的鞋子不仅碍眼，而且会让人有绊倒的危险。

　　用一只美观的篮子或鞋架存放鞋子。可以考虑使用带抽屉或凳腿的鞋橱，既可以存放鞋子，穿鞋时也可以用到。

　　只在门口放置常用的鞋子，把其他的放在附近的橱子或卧室的衣橱中。

　　在前门入口放置最少量的鞋子。家人可以把他们的鞋和靴子放进专门存放雨具的房间，如果没有的话，可以放在后门口。

35.发挥衣橱的作用

如果衣橱已经成了杂物柜，堆放着扔在地板上的鞋子、书、背包、玩具或衣服，那么就着手一步步地清理你的衣橱吧。

只将当季的外套挂在里面，其余的放在别的柜子中并在换季的时候调换；

为每件外套提供足够的衣架，也为客人准备一些；

在橱门上粘些安全挂钩，让小孩子挂衣服和书包；

在地板上放一只篮子或鞋柜放鞋子；

告诉你的家人不要再把不应该放在衣橱的物品放在那里了，比如玩具和书。

36.把防寒物品存放起来

把手套、围巾、冬季保暖帽和普通帽子放在篮子里，或者无盖的塑料容器中，然后将其放在架子上或地板上的橱柜里，并选择一个便于你和家人拿取的地方。

在非正式的入口门后或壁橱里挂一个收纳格，用来存放帽子和手套。在不同的小格子上标上家人的名字，让他们知道自己的物品放在哪里，并能很快找到。在橱门或墙面粘上挂钩挂帽子。

37.让雨具取用方便

为雨鞋和雨伞在前门附近或房间入口处留一个地方吧，这样可以避免把泥水带进屋里。

在地板上放一个篮子或鞋架存放雨鞋；

大的雨伞放在壁橱的转角处，小的雨伞收到壁橱架子上；

如果你家的入口足够大，并且居住地经常会下雨，以至于雨伞成为家用必备物品的话，可以使用一个带装饰的伞架；

把雨伞挂在车库里方便取用和归位；

车中常备一把雨伞，以便你出门之后使用。

38.钥匙用完要归位

钥匙很重要，但是它们也很容易丢失。为了避免心烦意乱地找钥匙，为它们营造一个安身之所吧，不用时，让它们乖乖待在那里。选定一个地方并一直保持下去。你可以把钥匙放在下面提到的地方：

手提包中特定的小袋里；

在手提包上系一个钥匙链钩；

在家中挂一个钥匙收纳格；

在靠近门口的位置放一个小的、便利的桌面收纳盒。

当你明确了钥匙该放在哪里，你就能很快把它们放回原处，并在需要时找到它们。

39.计划簿固定放置

在家的时候应该养成这样的习惯，你的计划簿用过后要放回原处，这样，当你需要的时候就不必花费宝贵的时间寻找它了。

一天结束之后，把你的计划簿放回手提袋或公文包中，或者放在你的手机旁也行，这样，离家的时候就能看见它并将其带走了。同时，也要养成在离家之前再检查手提袋或公文包的习惯。

40.轻松找到手机

为你的手机充电器找一个地方，每晚睡觉前把它放在那里。把你的充电器放在一个方便看见，第二天出门又容易记得带的地方。如果你总是忘记拿手机，那就在手机上设一个闹铃，每天在离家前五分钟会提醒你。

41.设立移动设备小站

在你家的某个地方设一个移动设备小站吧。可以放MP3播放器、电子书、平板电脑和笔记本，等等。为电子产品设有电源的地方是"储藏"这些物件的理想之所，因为它们总是需要充电并随时取用。把所有的电线、充电器和小配件都放在这里，还有你暂时不用的设备，这样，它们就不会被丢掉或损坏。

42.为书包安个家

为小孩子找个挂书包的地方。贴个标签让孩子能记得它。如果他们做作业的时候把书包放在桌子上，要教育他们把书包挂在恰当的地方。每天晚上检查每个小孩子的书包，确保他们已将第二天要用的所有东西都装好了。每周结束的时候，让孩子清空书包里所有的东西，并且扔掉或回收废弃的纸张和杂物。

43.使用试卷夹

给每个子女准备一只会"交流"的文件夹。如果可能的话，选择一个固定的、易区分的颜色，这样，你和你的孩子都能够立刻分辨出来。给夹子里的一个袋子标上"上学所带的作业"，另一个标上"回家所做的作业"。每天检查夹子里的东西，这需要花费你至少15分钟的时间过一遍所有的试卷类作业。在你检查它们的时候，拿上你的计划簿或家庭日程表，这样就可以立刻记下重要的信息和日程活动。

把要拿回学校的纸质作业放到"上学所带作业"的文件夹袋子里。每当检查完，就立刻把它放回书包中。

44.快速准备好午餐

午餐盒最好选择带把手的、有足够空间、保温性能良好、能存放冷冻食品而且易于清洗的。如果你和你的孩子要经常带午饭的话，为减少早晨的压力和忙乱就要做一点聪明的打点：

- 提前一周计划好午餐表并把它们记在家庭日程表上。
- 前一天晚上尽可能包好。
- 把不易腐烂的午餐食品放在一个篮子里，像薯片、橡皮糖、盒装果汁等。把这些放在每个人都能看见和拿到的架子上。
- 在冰箱里，用一个固定的架子或盒子存放午餐肉、奶酪和其他易腐烂食品。
- 教会小孩子自己准备午餐。当他们选择了自己想吃的东西后，会增加他们把午餐统统吃掉的可能性。

45.为办公用品设立一个存放点

在家中为你从单位拿回来的物品设立一个存放点。这包括你的公文包、袋子、电脑和你带回家要处理的文件。如果你正在处理一个项目，晚上做完后马上放到指定的地方，这样，第二天你就不会忘记或花时间去找。把与工作相关的和与家庭相关的文件分开存放。

46.轻松记得需要归还的物品

在家中为你的家庭成员指定一个"归还物品"收集处，用来存放出门要带的物件。这包括图书馆的书、租赁影碟、借来的东西或要退换的商品。这些物件的理想存放点是：

- 存放杂物的房间；
- 靠近大门口的橱柜里；
- 车库里的收纳箱。

当你要外出办事的时候，把要归还的物品放在车里。为了便于自己记得把它们按时归还，还应该把归还的地点记在外出办事的清单上。

如果你要去商店退换商品，在出门前检查一下是否带好收据。收据可以放在指定的地方，比如：

- 手提袋里专用的某个地方；
- 信封里；
- 计划簿里；
- 用胶带贴在需退换的物品上。

47.宠物配件方便可取

如果你养狗的话，按道理来讲，入口处就是放置配件的地方。用篮子盛放狗链子、便盆袋、小点心和擦泥爪子的毛巾。如果你家入口处有一个壁橱，在橱门后挂一个收纳格存放它们。把玩具放在起居室、存放杂物的房间，或接近后门口的篮子和抽屉里；把狗链子挂在车库或入口的门后面；把清洁宠物衣服的刷子和清洁衣物上绒毛的刷子放在同一个地方。

48.出行归来重整出行包

当你从外面回来的时候，立刻补充你的出行包，这样下次出门的时候就可以即刻走人了。你知道出门的时候需要用到什么，所以你不需要一个完整的清单。在出门前给自己一点时间，再次检查一下出行包，以确保带上了最重要的东西。

不要拿两个袋子，你可以在出行包里放一个独立的、更小的包放你的手机、唇膏、卫生纸、钱包和钥匙等随身物品。

49.买合适大小的手提袋

如果你因手提袋里放了太多的东西而纠结，不要再买更大的袋子了。买一个足够放下你的重要物品的袋子就可以了。如果包里没有多余的空间，那你自然也没有额外的力气了。

50.给你的手提袋瘦瘦身

一个装得过满的手提包是精神上同时也是身体上的双重负担，它们都会让你感到莫名的焦虑。每月要清理两次手提包，把不需要的东西拿走。所谓手提包里的内容物应该有多少，给你个忠告：少即是多。

51.让包里的物品各就其位

为你包里的每样东西安排一个特别的口袋或存放地，让所有物品都很容易找到。如果你的手提包没有内置口袋的话，可以用一个手提包收纳夹。这种收纳夹可以在手袋里创造多样的小口袋，帮你整理每日必需品。当你换包的时候，它能很方便地把最经常使用的物品转移过去。

把手机放在外面有拉链或子母扣的口袋里。钥匙也可以用一个挂扣或螺旋弹性拉绳系在手提袋的把手上。

在家中为你的手提袋指定一个挂钩或架子。只要把它放在恰当的位置，就能便捷地找到它。

52.将太阳镜放入眼镜盒

把你的太阳镜用眼镜盒保护起来，这样可以使它们更容易被找到，即使是便宜货。放一副在你的车里，一副在你的手提袋里或家里。把眼镜盒放在固定的地方，这样，你就总是能知道它（当然还有你的眼镜）的位置。

在车子仪表盘上的储物箱里放一副备用的太阳镜，以防忘记拿常用的那副。

53.放在车里的东西

如果你常在车里待很多时间，你就不得不养成好习惯以保持车内整洁。确定所有的东西都要从车里拿出来。清空车里的储物箱和所有其他隔箱里的东西。检查车座并把下面的所有东西都拿出来。

将车里的东西分为两类："属于这辆车的"和"不属于这辆车的"。关于车中物件的存放位置可遵循如下原则：

前座：用一个储物格放置常用的零散物件，包括用来交过路费的零钱、卫生纸、纸、笔、手机和免提耳机。

音乐：用一个遮阳板CD包放碟片。

杂物箱：用大网眼的杂物箱收纳格或一个大的塑料封口袋存放你的车辆登记文件、保险信息和其他易丢失的纸张。其他可以放在杂物箱里的东西包括：小手电筒、笔记本、签字笔、润肤露、婴儿湿巾、地图、小针线包以及车辆使用手册。

后座：用一个挂在车座上的收纳格存放儿童书、饮料和活动手册。使用那种带下拉小桌板的收纳格，这样，小孩子可以用它画画和做游戏。

后备厢或行李箱：用一个有大分隔和大口袋的车用收纳格存放杂物和体育用品，这样可以防止它们在后备厢内到处滑动。

54.拿进车里的东西必须拿出去

让家里每个人都养成习惯，包括小孩子，下车的时候把拿进车里的所有东西都拿走。要带走的东西包括食品包装纸、玩具和衣物。避免杂乱的最简单的方法就是，在每次出行结束后，把导致杂乱的物品收走。

55.把可重复使用的袋子放回车里

可重复使用的购物袋有利于保护环境，但是只有当它们在手边的时候人们才会记得去用。所以，最好每次用完购物袋就将其收好放进车里。一到家就把购物袋中的杂货或购买的东西拿出来，再把袋子放回车里。在你把杂物各归各处之前就做这件事，这样就不会忘记了。如果可能的话，把袋子放在车子的前驾驶座，当你去商店的时候就不会忘记带了。如果你觉得这样不方便，可以用其中一个袋子把其他袋子装起来，放进后备厢。

如果你只有几个袋子，可以考虑使用布袋，把它们卷起来并塞进其中一个小袋子里。

56.使用后备厢收纳格保护运动装备

使用后备厢收纳格存放运动装备。这样的收纳格在不用的时候大多是可折叠的。选择一个分隔既坚固又结实的收纳格，有助于保持物品整洁。

你可以在车里或车库里使用这种收纳格。一直把你的装备放在里面，需要的时候整个简单地搬进搬出就可以了。这种收纳的方式意味着不会把需要的东西落在家里，并且器材不会再在后备厢和储物空间里滚来滚去了。

57.限制出行所带玩具的数量

为你的孩子在短途旅行中需要带到车上的玩具限定一个量，这样，你的车里就不会杂乱无章，同时也减少了回家时必须从车里带走的东西的量。让孩子们为挑选玩具负起责任吧。

第四章

收藏品

58. 什么是收藏品?

59. 找出那些无意识的收藏

60. 问问自己收藏的原因

61. 告诉自己不再收集

62. 为新增的物品腾出空间

63. 更换收藏品位置

64. 让亲人不要再助你收藏

65. 为有利润的收藏品估价

66. 为有价值的藏品寻求专业帮助

67. 先询问后继承

68. 为可继承的收藏品选择好的归宿

69. 限制小装饰品的数量

70. 把小雕像保存在古董柜里

71. 使用定制的展示柜装小型的收藏品

72. 奖杯不一定都是终身荣誉

73. 用藏品专用蜡安全地固定展品

74. 处理无用的花瓶

75. 保留最好的照片

76. 把照片分门别类

77. 扫描保存老相片

78. 整理相片的方法

79. 有条理地规整你的电子相片

80. 定期更新相框里的相片

81. 展示陈旧的明信片

82. 充满回忆的物品要特殊存放

83. 用档案盒收藏旧纸张

84. 定期更换杂志

85. 清理书籍

86. 关于藏书的几个问题

87. 将平装书放入相片盒中

88. 按学年归整孩子们的书

89. 只保留要玩的游戏棋

90. 每个房间一个笔筒

91. 标注备用钥匙

92. 让提前备好礼物变得容易

93. 创造礼物包装站

58.什么是收藏品?

一说到"收藏品",我们就会想到博古架、装棒球明星卡片的小盒子,或者是一间用特殊的纪念品装饰起来的小房间(就像为一个品牌或者是运动队设计的那样)。

也许你的收藏品并不符合以上的种种描述,或者你觉得这一章并不适合你,然而,实际上,任何你热衷于收集并且拥有不止一件的东西,都可以被称为收藏品。所有东西都可以成为收藏品。

收藏品可以是实用性的东西(像马克杯、书、被单、陶瓷和限量版唱片)、装饰性的小雕像、勾起回忆的东西(像旅游纪念品、照片、相片剪贴簿,甚至是卡片),或者是一件投资艺术品(稀有的硬币、风靡一时的物品、艺术品等)。

收藏品作用非凡,它们能使沉闷的房间变得欢快并充满吸引力。它们展示了我们的个性和兴趣点。这是一种有回报的而且能带给我们很多喜悦的爱好。但为了延续收藏品在生活中的价值,我们需要将其好好地管理和组织一下。收藏品如果不能被很好地摆放并经常整理的话,它们很快就会把家里弄得一团糟。

59.找出那些无意识的收藏

用上一条对收藏品的定义来检查一下你家中的收藏品。这项工作不必集中完成,每次一个房间,然后列一个清单即可。

你已经明确了那些你有意识去收集的物品,那什么是无意识的收藏品呢?在家中可能有一大堆这样的东西,你都不会再看第二眼了——摞杂志,一时兴起买下的东西或者是一件装饰品,这都属于无意识的收藏。

它们也许是家庭成员为你搜罗来作为礼物的——像运动队的纪念品或者是你热衷的嗜好。把你和其他家庭成员的这些不断增加的收藏品分门别类地列好清单，以备日后使用。

60.问问自己收藏的原因

在把所有的收藏品梳理一遍之后，一项项地检查，并问问自己为什么要收藏它们。下面是一些可能存在的原因，你也可能出于其他的原因。答案无所谓对错，重要的是要对自己诚实。

你想或者喜欢告诉别人：你中意的这些东西是最有价值也是最好的。

它吸引你的眼球。你就是喜欢看到它，并且乐于把它摆在家中。

在家中它是一样实用的东西，你经常会用到它。

强迫性地收集，只是不能控制自己这样去做。

这是一个让你觉得有趣、放松又有所收获的爱好。

这是一个嗜好，好像你总是收集这些东西，以至于你想放弃都不可能了。因为，你的朋友和家人会不断地把这种东西当礼物送给你。

它是从长辈那里继承下来的。

你想在将来某一天把它送给孩子们。

61.告诉自己不再收集

如果有如下的情况，是时候告诉自己该停止收藏了：

你已经不再喜欢这些收藏品了；

你一开始就不想要也不喜欢它们；

这些收藏品让你焦虑；

你没有空间存放它们了；

继续收藏对你来说已经负担不起了。

62.为新增的物品腾出空间

如果你热爱自己的收藏但又没有足够空间，那怎么办呢？下面为你提供了几种选择（选择一条你觉得最容易做到的）：

停止收藏。不允许自己再去买类似的东西或者接受新的收藏品。

清理旧货为新成员腾出空间。如果你有一大堆东西已经存放多年，很有可能是你已经不再喜欢它们了。把那些再也不会让你提起兴趣的东西卖掉、捐赠或者转送他人。（即便它们是礼物，你也不必感到内疚，因为你曾经珍爱过它们，而且没有什么东西可以永远存留。）将你的藏品降到一个可以接受的数量。采取减一增一的原则。每次你增加收藏品，都必须从原来的旧藏品中拿出一些。

购置新的橱柜。如果这对于收藏和展示很方便的话，可以选择这个方法——但前提是你家有足够的空间。

63.更换收藏品位置

不要让你的收藏品一直待在一个地方，这很乏味，每个季节都要更换你摆放东西的位置。

剩余的藏品可以暂时放在储藏室。这样可以让你的陈设新鲜有趣，而且你会发现自己更容易喜欢上它们，并愿意多看两眼，而不是因为它们老是待在那里，而你直接无视它们了。

64.让亲人不要再助你收藏

如果你是个收藏家，那么除了死亡和税金无法逃避外，你的生命中还会有一件已经注定的事，那就是每个生日和节日都会收到一件新的藏品。为什么？那是因为它们是不需要太多思考就可以备好的礼物。说白了，这就是为什么有时兴头早就过了，但我们还有这么多收藏品，而且这些东西还在不断增加的原因。如果你决定不再收藏它们了，就告诉所有的亲人吧，并且在每个生日和节日前提醒他们。这种情况并不会伤到他们的心（也不会显得粗鲁），你只是提供了赠送另一种礼物的建议而已。你的亲人也会接受你的做法。

如果你打算处理旧货，先问问家人吧。他们可能特别珍爱它而你却并不知道，尤其是当这件收藏品与他们关系密切的时候。

65.为有利润的收藏品估价

许多人收藏特定的物品，是认为它们将来有利可图，日后可以卖掉它们。而开始或持续收藏单独的物品之前，先调查一下这种藏品的市场。你能从藏品中获益多少，取决于它的市场价值。如果是一件有价值的藏品，找一名专业的估价人士帮你定价。如果你单纯为了利润，那么考虑在一年之内卖掉它吧，除非它能随着年数增加而价格上涨（除了一些优秀的艺术品或珠宝，很少有东西能保值）。

66.为有价值的藏品寻求专业帮助

如果你收藏是为了经济投资的话，那么确保自己已经了解并遵守收藏和保护这些藏品的原则和方法。损坏和不恰当的保护或修复可能会让一件藏品一文不值。咨询专业的收藏家，不论收藏还是拍卖，都要确保你的藏品被妥善地保存。

67.先询问后继承

你要把自己的收藏品传给孩子们吗？作为成年人，他们也有自己的爱好和收藏。他们可能并不想得到你如此精心为他们收藏的东西。

如果孩子们已经成年，问问他们对这些藏品的真实想法。如果他们并不喜欢，那就不要强求了。问一下他们，即便不想接受所有的藏品，那么是否愿意留一件作为纪念。如果你还是舍不得它们，想要留下它们，并要通过其他方式保存这些藏品，你可以选择捐赠，把它们留给博物馆（先咨询一下接受方），或者是亲自卖给喜欢它们的人。

68.为可继承的收藏品选择好的归宿

你是否曾经遇到这样的情况：你从朋友或爱你的人那里继承过一件藏品，但它并不符合你的品位？或者是你仅仅是没有空间再存放它了。不要感到愧疚，放手去处理吧。

如果这对你很难，那么先把整套东西拍个照，留作日后回忆。如果你很珍惜它，选择最喜欢的一件留下做个纪念吧。

然后，把你的收藏品转让给一个真正欣赏它的人。以下选择可供你参考：

把整套收藏品托付给一名家庭成员；

让每一个家庭成员从收藏品中选择一到两件；

将收藏品捐赠给一个能真正用到它的团队或组织（自己用或者出售以便筹集资金）；

卖掉收藏品。

如果收藏品真的很有价值，或者有一定的历史意义，联系一下当地的博物馆或者历史协会，看看他们是否想要或愿意留下其中的一部分。如果你是出于怀念，那么可以展示其中几件，剩余的收藏起来，但是不要因为愧疚而保留他们，爱你的人希望它们给你带来快乐，而不是成为你的负担。

69.限制小装饰品的数量

小装饰品是那些小的、不重要的装饰物或者小摆设，以纪念品居多。

因为小装饰品并没有真正的经济价值，不要认为你需要存放一辈子。如果你已经不再喜欢一件装饰品，那么捐了它或者卖掉吧。小装饰品可以摆满家里的边边角角。限制一下装饰品的数量，每个台面最多放三件，才不会让家里看起来乱糟糟的。

70.把小雕像保存在古董柜里

小雕像是指人或动物的塑像。

它们通常是很有收藏价值并且相对比较贵重——特别是德国喜姆娃娃（Hummel）或者雅致瓷偶（Lladró，西班牙的瓷偶品牌，

1953年创立于西班牙的巴伦西亚城。——译者注）。

雕像最好放在展示柜里防止落灰或被打碎。如果你的展示柜已经没有空间了，那么可以采用下列收纳方法：

买一个新的柜子（如果你家有空间的话）；

清理你不喜欢的收藏品并且遵守"放进一件带走一件"的原则，每次添加一件新的藏品都必须拿走一件；

卖掉部分藏品。

71.使用定制的展示柜存放小型的收藏品

你可以很容易找到那种专门为一般的收藏品定制的展示柜。在网上搜索你的收藏品的名字，并加上"展示柜"（display case）一词，就可以看到很多可供购买的选择。

如果没有你喜欢的，你也可以用一只普通的展示柜或陈列柜。这样，可以把你的收藏品有条理地摆放起来，并且很吸引人呢。把它们挂在墙上或放在架子上——那些它们不容易被碰倒的地方。用藏品专用蜡（museum wax）固定它们，以确保安全。

72.奖杯不一定都是终身荣誉

当奖杯的主人不再关心这个奖品的时候，它就变成了一只吸尘器。等小孩子上了高中，他们就经常对获得的奖杯不屑一顾了，特别是那些参与奖。

当家人获了奖，给获奖者和奖杯来个合影，以便日后处理那只奖杯。你可以留着照片而把奖杯扔掉。

让奖杯的主人将其放在他（或她）自己的房间里，直到他（或她）自己都厌倦了，这样就可以回收利用了。有个特别的点子就是，把写有名字的牌子拿掉，粘上新的名字，这个可作为家庭聚会、教堂集会或游戏活动的奖品。

如果你觉得处理掉孩子们不再想要的奖杯在心理上的确难以接受，那么，选择一个留做纪念，把其他的循环利用起来吧。

73.用藏品专用蜡安全地固定展品

把瓷器、水晶和其他易碎的玻璃制品放在带玻璃门的展示柜中，这可以防止它们被打碎，并且可较长时间地保持清洁。购买一只空间足够大的橱柜，免得它们相互碰撞。

使用藏品专用蜡（可以从工艺品店和模型器材店里找到），将瓷器固定在摆放的位置。

可以用带抽屉的橱柜把银餐具和瓷器存放在一起。如果在展示柜的下面另有架子和橱柜，可以用它们存放额外的餐具和你不想摆出来的物品。

74.处理无用的花瓶

许多人都会有一些本来并不打算收集的花瓶。花商送好看的花束往往会附带花瓶，而花都枯死了，花瓶还可以保存很久。如果哪一天你再收到带花瓶的花束，当鲜花枯萎，就可以把那只不怎么特别也不好看的花瓶回收或处理了。这可以保持你的收藏量不再增加。

75.保留最好的照片

数码相机能让我们即刻看到相片，把那些你根本不会花钱冲洗的模糊或有损形象的照片马上删掉。如果你在度假，那每天晚上回来检查白天照的相片，然后把不想要的删掉吧。

用相同的标准处理老照片。检查一下盒子、信封和影集，把模糊的、曝光不好的和你不想让任何人看到的不好看的照片清理掉。这样做会让你更喜欢自己的影集，因为那里面放着的都是你的最爱，你也少了很多照片需要收藏和规整。这样的工作每次可以花三十分钟到一个小时来做。

76.把照片分门别类

清理完照片之后，把它们分门别类可是很有意义的。可以按下列方式进行分类：

年份；

活动（旅行、聚会、派对等）；

家庭成员；

其他人。

77.扫描保存老相片

把你的老照片做一个电子备份是保存它们的绝佳办法。如果有时间，可以分批进行，不必一次整理完毕把自己累坏了。扫描的照片可以在网上备份，也可以用一张光盘、U盘或移动硬盘来存储。如果有了电子备份，那些老底片就可以处理掉了。

78.整理相片的方法

当你已经把要留下的相片分门别类整理之后，选择一种可以很容易地保留和翻看相片的整理方式。这里是一些不错的选择：

相片盒（或装饰过的鞋盒）；

插入式相片集；

剪贴簿。

你可以给每一个分类下的照片都准备一个单独的影集或相片盒，也可以是集中放在同一本影集中，然后用标签分类。如果要在相片背后写字，钢笔水无酸性，对相纸也很安全。这些东西都可以在出售剪贴簿或工艺品的店里买到。相纸背后的标注要用小字写在边角处。

79.有条理地规整电子相片

好好地规整你的电子相片，可以很容易地在电脑上找到某张特定的照片。选择一款软件帮助你，Picasa和iPhoto就是两个不错的选择。它们都可以作基本的编辑和整理。

如何对照片分类？可选择下列方式：

按年月日排序（集体照按月份）；

按事件排序。

每次对每个相片夹用相同的格式进行标注：日期、人名或事件。

删掉（没错，我说的是删掉）试镜的、模糊的、曝光不佳的和不喜欢的照片，只留下喜欢的。要知道，你是在制作一份你喜欢看到的收藏品——用幻灯片或者滚动的数字图片的方式，将你的照片在其他盘上进行备份。

80.定期更新相框里的相片

经常更换现在所使用的相框里的相片。把用过的照片放在指定的相片收藏地。使家中大多数的垂直空间尽可能经常地悬挂相片——把墙壁照亮并将墙面清理光滑用于悬挂照片。可以沿着走廊做一个照片展廊。只在小的平面上搁几个画框就能做到。

81.展示陈旧的明信片

如果你有收集旅行带回来的或朋友寄的卡片、明信片的爱好，那就准备一只漂亮的盒子存放它们吧。把盒子收在架子上，方便随时添加或者偶尔拿出来看看。可以考虑把明信片用相框装起来，或者用磁铁吸在板上，还可以用照片板展示。时常换一换展示内容，可以欣赏到更多收藏品。

82.充满回忆的物品要特殊存放

几乎每个人都会收藏一些引发怀旧情感的物件。信件、奖品、年鉴、贺年卡和其他能使人睹物生情的东西都可以被称为纪念物。

一些东西你留下来仅仅是因为它让你感觉很好，或者是它储存了一段记忆。把类似的东西放在一个单独的地方，就不必陈列在家中了。

你可以使用旧的行李箱、一只五斗柜，或者是一只大篮子，把较小的盒子放在较大的盒子里，这样可以保存已损坏的东西，而且可以让小东西集中起来。当你发现大的盒子已经装满，这时候可以把里面的东西过一遍，把那些再也不能让你有所触动的东西处理掉。

83.用档案盒收藏旧纸张

纸张是易破损的，为了保存那些充满回忆的卡片和信件，可以把它们放在档案盒或者相册里。为保证存放质量，要使收藏的东西远离有害的酸性物质，因为它们会腐蚀纸张。档案收藏簿可以从出售剪贴簿之类商品的地方买到。

84.定期更换杂志

管理杂志最简便的方法就是及时阅读。如果没有阅读的过期杂志堆积成山，那么就处理掉它们，去享受新的杂志吧。

把你所有的杂志都集中起来，并且按名字分类。一边做一边决定你是否还要继续订阅该杂志。决定要留下的部分，剩余的回收。

选择一个特定的地方存放你的杂志，等到那里堆满了的时候就需要清理了。

把参考杂志（像工艺或商业类期刊）放在杂志整理盒中，并把它们放在架子上，这样，当你需要它们的时候，就很容易拿到了。在文件盒上标明杂志的年份和书名，或者买分页文件夹，把杂志一本本插进去，还可以用三环活页夹，你可以在办公用品店买到。

85.清理书籍

你的书柜是否装满了打算日后再读的书，但你似乎从来都没有时间？不要再盯着它们并且心存歉疚了，整理你的书籍让它们看起来更便于管理。

把你家中的书都搜罗到一起，分门别类地堆在书架旁边。这些分类包括：

⊿ 留下（有用的或喜欢的书）；

⊿ 归还（图书馆的或借来的书）；

⊿ 处理（捐赠或卖掉的书）。

如果你的书已经多得装不下了，你可以处理掉一些，或组装一个书架。

86.关于藏书的几个问题

确定你是否想要收藏一本书，可以问问自己：

⊿ 我读过这本吗？如果已经读过，我还想要再读一遍吗？

⊿ 以后，我可以从图书馆借阅这本书，从而为我的书架腾出空间吗？

⊿ 如果没有看过的话，我以后真的还要阅读它吗？（时过境迁，一个人的口味和想法已然改变，是时候处理掉它了。）

⊿ 虽然并不喜欢，但由于它是别人送的礼物，所以，我有责任保留它。（你并不需要承担这样的责任！）

因为是自己买的，所以要留着它。我必须阅读这本书吗？

我是否有许多这样可以处理掉的"必读"书？

87.将平装书放入相片盒中

平装书放进相片收纳盒里可以节省空间，并让书架看起来美观一点——如果书皮已经破破烂烂了。将盒子贴上标签并放置在架子上。

如果你有很多盒子，将它们按作者或者系列，分门别类存放。

88.按学年归整孩子们的书

每一学年结束之后，和你的孩子一起把他们的书检查一遍，把他们长大了用不到的书和不再感兴趣的书拿走。把这些书送给其他家庭成员、邻居、旧货商店或当地的图书馆。

你可能想留下一些他们非常喜欢的书，日后可以与他们或他们的小孩子分享。让这些触发回忆的书籍从你有限的空间移开，把它们与小孩子们其他童年的珍藏物一同收在一起。

89.只保留要玩的游戏棋

把你所有的游戏棋都放在一起。检查每一种游戏棋的组件是否齐全，是否完好，把不能玩的清理掉。把那些你不想玩的或不喜欢的捐送掉。

选定一个壁橱或壁橱里的一个架子存放这些游戏棋，可以用废弃的磁带盒子或买专门存放游戏用具的盒子。把小的游戏部件，像骰子或扑克牌，放在一个稍大的收纳盒里，可以节约架子上大量的空间，并防止它们掉下来，或因为没看见而被推倒。

把小孩子的玩具放在较低的架子上，以方便他们取用。

90.每个房间一个笔筒

对很多人来说，钢笔和铅笔作为一项有实用价值的收藏品，其数量的增加已经不受控制了。我们可以从各个地方搜罗到免费的笔，并且很少把那些旧货扔掉。在每个房间中放一只装饰过的笔筒或小篮子盛放它们，并在旁边放上一个小的记事本。这样，需要的时候你就知道在哪里能找到纸、笔了。

91.标注备用钥匙

在你的杂物抽屉（亦称为垃圾抽屉）里放一些便宜的带有塑料标牌的钥匙环。无论你什么时候拿到一把备用钥匙，把它们拴在上面并加上塑料标签。把你所有的备用钥匙都放在一个地方，这样，需要的时候就能轻易找到了。

92.让提前备好礼物变得容易

在打折的时候，或者是当你觉得有东西特别适合某人的时候购买礼物。记下你曾经买过的东西，这样你就不会忘记已经给某人准备好礼物或日后买贵了。

在你的计划本或电脑上按字母进行排序。

在清单上记下送礼物的日期和人名。

把你买的所有礼物都放在一起。如果你想给家人一个惊喜，用一个带盖的收纳盒就不会被人发现了。这样，即便放在储藏室中很明显的地方也没有问题。

93.创造礼物包装站

把你所有用于礼物包装的东西放在一个地方。把损坏的东西立刻清理掉。根据需要把要用到的东西列好清单。如果你只需要礼物袋，不想要包装纸，可能会需要更多的皱纹纸。购买胶带和剪刀专门放在那里，用于包装礼物。

把所有物品都放在一个地方，存放这些包装礼物的物品有两种方式：

△ 把成卷的包装纸束在一只干净的塑料垃圾桶里，把缎带、胶带和剪刀放在旁边的盒子或抽屉里。

△ 买一只手提式的礼物包装收纳盒，盛放包装纸和小装饰。许多这样的收纳格都会有一个小袋子，用来专门装剪刀、胶带和缎带。

第五章

厨房和餐厅

94. 充分开发橱柜空间

95. 灵活摆放锅具

96. 合理安放碗碟

97. 减少玻璃制品的数量

98. 保证盖子和碗的配对

99. 设立储存烘焙用品的区域

100. 如何保存香料

101. 如何获取不易拿到的物品

102. 如何稳固橱柜

103. 利用水槽下面的空间

104. 恰当整理存放工具的抽屉

105. 清理杂乱的抽屉

106. 整理冰箱

107. 合理存放残羹剩饭

108 按计划处理残羹剩饭

109. 按条理储藏物品

110. 建造储藏室

111. 合理存放散装食品

112. 合理利用冷冻空间

113. 妥当存放纸制品

114. 省时、省力、省钱的用餐计划

115. 制订购物清单

116. 妥善保存优惠券

117. 减少食谱书籍的数量

118. 整理食谱单

119. 保持工作台面的整洁

120. 充分利用垂直空间

121. 不要购买不需要的物品

122. 合理存放小家电

123. 整理餐桌上杂乱的物品

94.开发利用橱柜空间

以下有三种方法可以帮你充分合理地利用橱柜储藏物品:

清理旧物,为新物品腾出空间。选择一个时间检查每一个橱柜,并清除掉你不想再使用或者不再喜欢的物品。把不想要的玻璃器皿(杯子、花瓶以及盘子)拿去捐赠,丢掉过期的食物,并把剩余的食物做个食用计划,以便尽快吃掉将要过期的食物。

重新摆放物品,使空间利用最大化。清理过后,把从各个橱柜中拿出的所有器皿都堆放在一起,然后根据使用频率把它们分别放在合适的、易于取用的位置。将季节性使用或者很少会用到的器皿放在橱柜中不方便拿到的地方,同时根据需要来调整隔板的高度。

适当增加隔板以增添更多存储空间,可自由移动和调整的隔板能够帮你最大化利用橱柜空间。

95.灵活摆放锅具

在每个家庭厨房中,锅具都是必不可少的用具之一。以下将为你提供一些锅具摆放的建议:

将锅具相邻摆放。在相邻的两个锅之间夹塞一个纸盘,以防锅具划伤。

把锅盖放在锅具旁的收纳箱或者锅盖架上。如果空间足够的话,也可以把锅盖倒扣在锅具上,再把其他锅盖层层叠放在该锅盖上面。

避免将过多的锅具叠放在一起，这样在取用的时候会非常不方便。

把不常用的锅具放在橱柜的底层或者厨房中不重要的位置。

也可以把锅具放在旋转式货架或者抽屉中，这样会更方便取用。

96.合理安放碗碟

你可以将最常用的碗碟放在最容易取用的地方，把不常用的碗碟收藏在相对次要的位置（或者较高的货架上）。最好把相同类别的物品放在一起——比如盘子、碗、碟子等。

为了更加合理地存放，你可以根据需要调整碗柜每一层的高度。

如果家中有小孩，那么你应当考虑把碗碟放在较低的抽屉里，这样，孩子们能够比较方便地取用或者把它们放回原处。

97.减少玻璃制品的数量

为了让厨房更加干净，你可以适当减少玻璃制品的数量。你可以从快餐店带一些免费的塑料水杯回家，留意一下它们的使用量，根据这个数据确定家中实际所需要的玻璃杯的数量。

为家里每一个成员都购买不同款式的、可重复使用的玻璃杯（相对于一次性杯子，家人会更愿意使用你为他们准备的这些专用杯）。你们可以只用一次性杯子喝饮料，并且要求家人尽可能多地使用他们各自专有的杯子。

对于咖啡杯，你也可以按照以上办法进行处理。如果你担心它们难以和纪念品区分，那么，可以把那些纪念品放在橱柜顶端。

98.保证盖子和碗的配对

你可能需要搜寻厨房中所有的地方，才把找到的所有带盖子的碗和带盖子的收纳容器放在一起，然后匹配成套的碗和盖子。

把找不到匹配对象的碗和盖子放在标记有"单只碗/盖"的袋子中，继续把这些东西保留两到三周，以防与他们相匹配的碗/盖突然出现。如果相匹配的那件物品始终没有找到，那么，你可以丢掉这些单件物品。

99.设立储存烘焙用品的区域

专门腾出一层货架或者划分一块区域用来放置烘焙用品。不要把这些烘焙用具放在它们的原包装里，而是取出来放在一个干净、有详细标记的容器里（方形容器可以占据较少的空间）。用这种方法收藏烘焙用具不仅可以防止虫害，还能够避免损坏，使其产生裂痕。

为了防止红糖变硬，你可以将其放在一个气密性好的容器中，或者放在特殊的食材容器里（能够存储在厨房中）。

为了方便取用物品，你可以把他们分别放在小的容器里，再把这些小容器放在一个大容器中，把多余的、不常用的用具放在你的储藏室中。

你也可以把烘焙用具放在旋转架上，以便使用。

把你最常用的物品放在最易取用的地方。

100.如何保存香料

有许多可以用来保存香料的方式，你可以根据自己的实际情况进行选择。你可以按照字母顺序排列香料瓶，以便你在需要时快速地找到想要的那瓶。以下将为你提供一些储存香料的建议：

放在一个双层转盘上；

放在抽屉里（按照字母的顺序排列香料瓶，并在抽屉上贴上详细注明的标签。你也可以在抽屉里存放一些食谱）；

放在装订在墙上或者门上的木质或不锈钢隔板上；

放在操作台上的旋转架上；

放在吸附在墙上的金属瓶里；

放在阶梯式货架上。

香料并不容易随处散落，但是比较容易变质。你可以通过颜色和味道判断其新鲜程度，在存放时要远离高温。

101.如何获取不易拿到的物品

你可以在橱柜旁边放一个结实的踏脚凳，可以帮助你获取存放在橱柜中的所有物品。如果你的家中没有这样的凳子，那你可以考虑购买一个。把不常用的物品，比如季节性使用的物品，放在橱柜中难以触碰到的地方。

安全起见，请只把较为轻巧的物品放在橱柜中比较高的地方，还需要注意的是，不要把孩子需要的东西放在他们不易取用的地方。

102.如何稳固橱柜

你可以在进深大的橱柜上安装拖轮，以便你更好地使用，但是过于沉重的物体会妨碍设备的运转，摇晃的橱柜也容易让其掉落在地上。

你可以用PVC管加固中心柱，以使拖轮更稳固。

你还可以把较小的物品放在收纳盒中，然后再放在适当的货架板上，以防掉落。对于一些不常用的物品，你可以把他们放在较低的货架板上。

103.利用水槽下面的空间

你可以订制一些形状和大小适合放在厨房水槽下面的立柜，这会让你得到更多的储物空间。双层的收纳筐或许是个不错的选择。

为了最大化地利用这个空间，你可以把所有需要放在此处的东西都放在一个收纳盒中，有可能的话，最好再购买一个多用途清洁器。这样做既能节省很多空间，又能省钱，并能够尽快用完购买的产品。把清洁器放在一个塑料盒中，这样搬运起来会比较方便。还需要注意的一点是，为了防止孩子接触到有毒的物品，请记住要随时锁上橱柜。

104.恰当地整理存放工具的抽屉

如果一个抽屉里有过多的工具，就非常容易变得凌乱不堪。如果你家中没有专门放置餐具的器具架，建议你不妨置办一件。拥有一个器具架的好处是，你可以把茶匙、汤匙、叉子、黄油刀以及其他用具分类地放在各自合适的区域。你还可以在抽屉里放一些桌垫以及可粘贴挂钩。

你可以把一些较小的用具，比如蔬菜去皮器、开瓶器等放在有分隔的抽屉或者小的收纳盒中。

把一些大型器具，比如金属器具、烘焙抹刀以及厨房用剪刀等放在另外的容器或者有分隔的抽屉里面。你可以再放一些垫子或者用尼龙绳将刀具进行绑扎，以防器具把人划伤。

如果你的家中没有足够的空间放置额外的橱柜，那么你可以把锅铲、木勺以及其他常用的用品放在敞口收纳盒内，陶瓷瓦罐、玻璃瓶等容器都是不错的选择。如果空间有限，可以再把这些容器放在操作台或者橱柜隔板上面。

105.清理杂乱的抽屉

几乎每个家庭厨房里都会有一个抽屉专门用来放置一些有用但杂乱的东西。如果在你的概念里，这个地方就是会非常杂乱的，那么你可能就不会想到要去整理它们。请改变你的这种想法，你只需要在里面放一些有用的，并且容易寻找的用品。

你可以把这个抽屉中所有的物品都清理到台面上，然后把物品按类别进行整理，并把一些你几乎从来不会用到的物品清理掉。

不要把同样的物品放在这个抽屉里面，每件物品你只需要放置一个即可（比如螺丝刀、剪刀、胶卷等）。

你可以把重样的物品放在家中其他的地方。

在购买收纳盒之前，先测量一下抽屉的高度、宽度和深度，以便购买合适尺寸的收纳盒。你可以购买一些用来冷冻冰块的托盘或者烘焙松饼的烤盘，然后把钉子、螺丝刀、金属丝、橡皮筋等小物品放在里面。

106.整理冰箱

你可以按种类把不同的东西储藏在冰箱中合适的位置。以下为你提供几点建议：

冰箱门：你可以把调味品放在门上的一层隔板上，然后把孩子们的零食和饮料放在另外一层隔板上。这样他们会很容易找到自己想要的东西。

保鲜盒：把需要长期保存的东西放在保鲜盒中。

储肉抽屉：你可以把奶酪、午餐肉、待处理以及处理过的肉制品放在这个抽屉里。

中间隔板的后半部分：你可以把生肉、海鲜等放在这个地方。这是整个冰箱中温度最低的位置，并且放在这里也可以避免饮料滴落在上面。

最底层的隔板前面：你可以把一些残羹剩饭放在这里。

最顶层的隔板：可以放奶制品和盒装饮料。

中间隔板：最适宜放置小型储物盒。把相同类别的物品（比如酸奶、奶酪以及酸奶油等）放在同一个盒子中以便取用。

建议你每周清理一次冰箱，丢掉已经过期的食品。如果发现有汤汁溢出污染冰箱，一定要尽快将其擦除。

107.合理存放残羹剩饭

最好能够把食物放在带盖的容器或者带有保护袋的碗碟中，这样可以减少你在铝箔或者保鲜膜方面的花费。把食物用盖子覆盖住，不仅能够防止水分的蒸发，从而避免冰箱的损坏，同时也能够防止汤汁溢出。

尽可能把食物放在较小的容器里，然后把容器堆叠放置。这样会方便食物的存放和取出。

尽量购买透明的干净的储物盒，这样你可以非常清楚地知道里面存放的东西是什么。同时，它们也会提醒你还有什么东西没有食用。

108.按计划处理残羹剩饭

你可以在冰箱柜上贴一些记事贴。每当你往冰箱里放进一些残羹剩饭后，都在一张记事贴上写明存放日期，然后把纸贴在相应的储物盒上，这样，你就能够清楚地知道这些食物在冰箱内已经存放了多长时间。

把冰箱内所有的剩饭名称和存放时间都写在一张纸上，然后把这张纸贴在冰箱门上，每当有人吃掉了其中的一样，就把纸上相应的名称划掉。

每周都可以选择一天专门处理残羹剩饭。

如果你发现自己经常会扔掉一些剩饭，可以把它们先冷冻起来，每次做饭时也注意相应地减少数量。

109.按条理储藏物品

你可以根据以下建议储存物品：

把相同类别的物品放在一起。

适当调整隔板高度或者增加隔板的数量，使空间利用最大化。合理摆放相同类别但不同规格的物品，没有必要一定放在同一层隔板上。

如果食品的原包装比较容易破裂，或者比较笨重，或者不利于食品保鲜，那么，应该考虑把它们放在一个更干净的塑料容器中。

把一些袋装食品放在收纳盒中，再把收纳盒放在货架上。

把每层隔板都贴上标签，再把相应的食品放在对应的地方。

新的物品放在货架后面，旧的放在前面。

在一些较高的橱柜旁放置一个踏脚凳。

把你希望孩子食用的食品放在他们容易获取的地方；把不希望孩子食用的食品，放在他们不易取用或者看不到的地方。

110.建造储藏室

如果你的家中没有自带的储藏室，那么你可以考虑按照以下方法存放食物：

置办一个存放食物的橱柜。

存放在厨房旁边的柜子里，可以根据需要增加隔板的数量。

放在独立货架上。如果你希望外观看起来整洁干净，可以在货架上拉一条帘子把食品遮挡起来；如果厨房空间有限，你也可以把食品架放在其他房间。

111.合理存放散装食品

对于一些人来说，购买散装食品是一种节约金钱的好方法。请将你所购买的散装物品预留存放空间，并按照以下方法进行存放：

划分专门存放散装物品的空间。你可以把它们放在壁橱中、抽屉里或者杂物间内。

把散装物品分放在小型容器里。把其中一个收纳盒放在你经常取用食物的地方，其他收纳盒则放在家中其他位置。

112.合理利用冷冻空间

为了更好地保存食物，你可以把肉制品以及其他需要冷冻的食物放在储物盒中，然后把盒子放在冰箱的冷冻室里。为了方便存储和取用，你可以提前把肉切成小块，然后根据每次做饭时所需的数量放在储物盒里，并在盒子上详细注明肉的名称和存放日期。

113.妥当存放纸制品

你可以把纸制品存放在家中的次要空间，比如冰箱柜上面，壁柜较高层的隔板上或者储藏室中。把纸质的杯子、盘子以及其他餐具放在带盖的容器中，或者分类放在密封袋里，然后再把所有的密封袋放在一个收纳盒内，并记住它们所在的位置。

如果你经常会带一些塑料餐具回家，那么你可以把它们与其他餐具一起放在壁橱中位置较高的地方，或者存放在储藏室内。这样会非常便于取用。

根据需要把餐巾纸放在纸巾架上，多余的餐巾纸则放在储藏室里。

114.省时、省力、省钱的用餐计划

制订用餐计划看起来似乎是一件非常麻烦的事，然而如果你愿意每周花费十五分钟做这样一件事情，你会发现这能够帮你节省大量花费在杂货店以及厨房中的时间、精力和金钱。

你可以从记录现有的食物开始作计划，并可以通过报纸或者网络查询到一些特价食品以及优惠券的信息。你可以参考这些信息制订一周的用餐计划。

认真思考在接下来的一周内你需要做多少食物，针对一些特别忙碌的日子，你可以选择一些容易制作的食谱。

你也可以每天都制订不同的食谱以增加新鲜感，比如周一选择披萨，周二享用鸡肉餐，等等。你也可以在一些网站上找到关于制订用餐计划方面的文章。

用餐计划制订完后，你可以把它保存在电脑里，或者打印出来放在厨房中以便参考。在未来生活中，你也可以把食谱略微调整后继续使用，这样也会大大地节约时间和精力。

115.制订购物清单

你可以通过手绘、电脑或者其他电子产品制作一个购物清单的模板，把不同的物品，比如肉制品、罐头食品、调味品、乳制品、糕点、饮料、宠物食品、婴儿食品、纸制品、化妆品、药品以及其

他杂物分别写在不同的序列中。

你可以把购物清单贴在计划本或者家中的布告栏上，以便家中其他成员在上面添加他们所需要的物品。如果你用完了某件东西并且想要继续购买，根据所属类别在购物清单的合适序列上写明。

在你计划购买一周所需的食物时，也可以把所有需要的食品写在购物清单上。

如果对于清单上的某一件物品，你恰好有优惠券，那么你可以在该物品名称上画一个星号或者写一个字母C，以提醒自己记得使用该优惠券。

每购买一件物品后就把清单上相应的名称划掉。

116.妥善保存优惠券

使用优惠券购买东西能够节省一笔花销。关于如何保存优惠券的问题，以下几点建议可供你参考：

放在有透明塑料膜的影集里，每一格放一张优惠券。

分类放在信封里，并详细注明（比如粮食类、餐饮类、肥皂、纸制品等）。把装有优惠券的信封放在鞋盒或者相册里，并贴上标签注明详细内容。

分类放在钱包大小的可扩展的文件夹中。然后，再把这些放在你的钱包或者汽车里。当你需要购买物品的时候，可以随时使用这些优惠券。

放在每页大约有九个透明塑料格的三孔活页夹中。你还可以把荧光笔、剪刀、钢笔等物品和它们放在一起。

关于如何对优惠券进行分类的问题，以下提供了几种比较好的解决办法：

按照失效日期分类。把将要过期的优惠券放在最前面。

按照对应的使用产品分类。

按照产品名称的字母排序分类。

按照个人喜好分类。

117.减少食谱书籍的数量

如果你的家中有六本不同的食谱书，平均每本有500个不同的食谱的话，那么你一共拥有3000道不同菜品的做法。如果你每周都做其中的一道，那么，全部烹饪一遍需要花费你58年的时间！你可以适当地丢弃一些你不需要或者不愿意尝试的食谱。如果你只需要烹饪书上的一部分菜品，那么你可以把具体做法记录下来，然后把书捐赠出去。你可以把收录的食谱放在特定的食谱盒中。

为了防止书籍的破损，你可以把它放在厨房的壁柜或者远离厨房的书架上。

如果你有非常多的食谱书，建议你对其进行分类整理（比如意式菜、甜品、烘焙、健康食品等），或者根据你的使用频率进行整理。

特别标记经常用到的食谱，以便你能够轻易找到。

118.整理食谱单

丢掉你不喜欢或者不再使用的食谱单，然后把剩余的收集在一个文件夹内。分类整理（也可按照食谱书上的归类方法进行整理），并记住，不管你选择哪种方式收藏食谱，都要在收纳盒上注明详细分类。

如果你把这些零散的食谱单放在三孔活页夹里，建议你为每一页食谱编码，然后再制作一个食谱索引卡以便搜寻需要的食谱。此外，为了避免纸张破损，你还需要用透明薄膜覆盖住这些食谱单。

如果你更喜欢把食谱收藏在食谱盒中，那么你可以把这些菜品做法记录在卡片上，然后把卡片放在食谱盒内。

对于一些家传的老式菜品，你可以把菜品做法步骤的复印件放在厨房里，而把原件珍藏起来。

你也可以根据你的菜单在网上制作电子食谱。许多网站都可以提供这项服务。

119.保持工作台面的整洁

所有食物的处理都需要在操作台上完成。为了营造一个良好的工作环境，操作台面应当被整理得干净而又整洁。你可以根据以下建议整理你的操作台面：

首先把操作台上所有的物品移除。把一周内会经常用到的物品重新放回台面，其他的用品则存放在其他的地方。

不要把纸制品放在操作台上。你可以让孩子在家中其他地方进行纸品制作或者在其他地方书写信件，不要让这些事情在厨房的操作台上进行。如果你必须在这个地方放置纸制品，那么请把它们放在一个带盖的收纳盒中。

限制操作台上装饰品的数量。

120.充分利用垂直空间

你可以在操作台所倚靠的墙面或者橱柜下面安装一些隔板或挂钩,以便存放更多的用品。比如,你可以考虑在这里放置一个纸巾架、一个电动开瓶器、一台微波炉或者一些可以悬挂锅碗瓢盆的挂钩。

121.不要购买不需要的物品

过多的物品会造成空间的拥挤。如果你不需要、不喜欢或者没有空间存储它们,那么就不要购买。仔细看看你的厨具,把那些从没有用过的厨具捐赠或者卖掉。你只需要保留自己经常喜欢用的。

122.合理存放小家电

你需要把一周使用频率不到一次的电器放到矮橱柜或者储藏室里,专门用一个特定的地方存储它们。为了方便存取,你可以安装滑动式货架。

用细丝绳把卷起的电线捆绑好,再将它们排列整齐,并将各种配件集中放在一个小盒子里。如果没有足够的空间来存放这些配件,也可以把它们放在抽屉里。

尽量把电器放在方便拿取的地方,从而节省你在做饭和打扫卫生上花费的时间。

123.整理餐桌上杂乱的物品

如果你的厨房和餐厅堆满了乱七八糟的东西，你需要把它们收集起来。确定桌子上物品的类别，并且制订一个方便日后处理它们，而不会让它们杂乱地摆在桌子上的计划。

第六章

家庭办公区

124. 多功能兼顾的办公空间

125. 制作一个信件收纳盒

126. 建立信件处理体系

127. 摆脱垃圾信件

128. 根据截止时间整理账单

129. 将账单放置在专门的文件夹中

130. 尽可能实现无纸化

131. 设立安全性高的密码

132. 把密码存放在安全的地方

133. 创建电子文件夹

134. 与他人有效地共享电脑

135. 合理规整不同文件夹

136. 养成文件备份的习惯

137. 变卖一些旧的电子产品

138. 纸质文件未必能进行有效提醒

139. 创建合理的文件处理体系

140. 整理桌面文件

141. 及时清理文件以保持工作环境整洁

142. 合理处理各种文件

143. 按计划处理各种文件

144. 丢弃不必要的纸质文件

145. 不是所有的文件都需要长期保留

146. 建立高效的文件管理体系

147. 挑选合适的文件柜

148. 制作专用的家装活页记录本

149. 合理管理各种手册和说明书

150. 把书信用品放在一起

151. 保持桌面整洁

152. 增加更多收纳空间

153. 制订计划表

154. 解开缠绕的线

155. 减少能源消耗

156. 保护个人隐私

124.多功能兼顾的办公空间

如果你的家庭办公室还同时兼具其他用途，那么这个房间需要布置得既紧凑又整洁。你可以置办多功能办公桌放置电脑，以及其他办公设备。此外，你还可以考虑购置一个屏风，当这个房间用作其他用途时，你可以用屏风将办公区域遮挡起来。将多余的办公设备放置在壁柜架子上，或者收藏在带抽屉的橱柜里，并把橱柜放在房间的角落。

为了更加节省空间，你可以使用集打印、复印以及扫描功能于一体的办公设备；也可以在你的电脑上安装一些软件，以便收发传真。

125.制作一个信件收纳盒

为了有效组织整理各种信件，首先你需要为它们设定一个专门存放的区域。你可以在那摆放一个托盘或者收纳篮，将所有的信件都放在里面以便查阅。同时，你也可以将日历、碎纸机、回收篮、信件分发器放在这个区域，以满足你更多样化的需求。

126.建立信件处理体系

你可以将所有的信件集中在一个时间进行统一处理。每当你打开一个信封，都可以先思考一下：我将如何处理这封信件呢？你可能会在以下三种做法中进行选择：

立即处理。如果你可以在非常快的时间内就决定如何处理所读信件，那么建议你立即进行处理。这些可立即处理的事件可能包括：将信件扔进碎纸机粉碎，重新放回信件箱，或者在日历上进行标注，等等。

代收信件。你需要把这类信件单独放置在其他的地方。

延期处理。对于一些需要花费更多精力和时间且不能立即进行处理的信件，你需要在计划表或者日历上进行标注，并将这些信件放置在待处理文件箱内。

127.摆脱垃圾信件

你可以通过减少收到垃圾信件的数量来减少家中杂乱纸张的数量。你可以通过在网上搜索关键词"清除垃圾信件"以寻找解决办法。

128.根据截止时间整理账单

如果可能的话，请根据账单的到期还款时间对它们进行分类整理，这样一来，你每个月只需要分两个时间点还款即可，这帮你大大地节省了时间。如果你愿意采纳这个建议，你还可以考虑采取网上还款的方式，你只需要让相关金融机构定时往你的邮箱中发送账单到期提醒即可。你可以设立一个电子文件夹，专门存放收到的账单以及已支付的账单，或者为已经完结的账单单独设计一个"已支付"文件夹。

129.将账单放置在专门的文件夹中

如果你依然坚持手写记账，那么建议你设置两个文件夹分别用来存放待付账单和已付账单。每当你收到一个账单时，就将它放在待付账单文件夹中；同样的，每当一个账单完结后，再将其移到已付账单文件夹内。

如果你可以采取两种不同的方式支付你的账单（包括下个月的账单和银行对账单），那么，你可以放弃采用最先想到的那种支付方式。

此外，不管你是通过网上支付还是通过支票支付或者采用其他方式进行支付，都请将你支付完的账单在记账簿上进行记录。

130.尽可能实现无纸化

无纸化的办公方式不仅可以让你的物件更加方便整理，为你节约更多的金钱，让你更加省心，同时也更加环保。无纸化在最初实施的时候可能会花费你一些时间和精力，但是从长远来看，这是非常值得的。首先，你可以通过设立一个可以每天按时查阅的电子邮箱，开始无纸化办公模式的运行。

浏览所有你会收到账单的公司的网站，并在那儿设立一个会员账号以便你进行网上支付。你可以选择让对方通过电子邮件而不是普通邮件的方式进行账单到期时间提醒。此外，你还可以将各种收据保存在电脑中，而没有必要非得将它们打印出来。

131.设立安全性高的密码

无纸化办公以及在网上处理各种金融事务，可以让你的办公环境更加整洁。与此同时，每一个网络服务都要求用户设定一个保护密码。安全起见，你需要为自己的金融账户以及一些重要文件夹设定一个安全性高的密码。安全性较高的密码通常都会由字母、标点、符号、数字等多种字符组成。以下为你提供一些关于密码设定方面的建议：

如果条件允许，请至少设置含有十四个字符的密码。

字符组合形式尽可能多样化。

请在电脑键盘所有的按键上选择你的密码组合，而不是只在常用的几个按键当中选择。

经常更换密码。如果你在不同的网站上设立的密码各不相同，那么你可以每隔一段时间将这些密码进行轮换。

132.把密码存放在安全的地方

复杂的安全性较高的密码通常很难让人记住，尤其是在密码常常更新的情况下。为了能够安全地追踪你的密码动态，安全专家建议，可以采用一些密码管理软件对密码进行管理，比如RoboForm（可登录网站http://www.roboform.com进行下载）。使用这个软件可以对你的一些信息进行同步更新，以便你在任何时候都能够掌握相关信息。

如果你不愿意在你的电脑上安装这些软件，那么你还可以将它们记录在可设立密码的本子中，并设定一些相关问题，以便你在忘记密码时能够将其找回。最后，请把这个密码本放在办公室或者文件夹内。

133.创建电子文件夹

当你下一次需要打印一些通过电子邮件或者网上搜索得到的资

料时，你可以先考虑这些资料是否可以在电脑中储存，而并不一定非要打印出来。这样做不仅可以节约资金，还能够节省空间。你可以在电脑上为不同类型的文件创建相应的收藏文件夹，然后将需要收藏的资料复制并粘贴到一个Word文件中，最后再把这些文件放在对应的文件夹里。对于一些网购的收据，你可以将它们统一放置在一个PDF里，或者专门创建一个特殊的文件夹进行收藏。

134.与他人有效地共享电脑

如果你的家中还有其他成员与你共用一台电脑，那么把不同使用者的相关文件和信息进行有组织、简明的整理是一件非常重要的事情。方便起见，你可以在主文件夹下为每一个家庭成员创建一个各自的文件夹，并在电脑旁放置一个时间表，表上注明每一个家庭成员可以使用电脑的时间段，以免发生冲突。

135.合理规整不同文件夹

许多人会通过创建伞状文件夹的形式帮助自己更方便地寻找需要的文件。这些主文件夹可以被命名为文件、音乐、电影以及图片等。然后，可以再在这些主文件夹中创建一些子文件夹，用来收藏一些更为细分的项目。

请记住，不要把这些文件夹直接放在电脑桌面上。放在桌面上会占据电脑的随机存储器（RAM），从而导致电脑运行速度变慢。请定期清理和删除一些旧的文件，以便为电脑的硬盘驱动器提供更多的存储空间。

136.养成文件备份的习惯

不要让某一次的电脑崩溃或者病毒入侵损坏你电脑中的重要文件。你至少需要每个月对你的电脑数据进行一下备份（记得在日历上标明备份时间）。以下有几种方法供你参考：

把数据导入另一个硬盘驱动器中。购置一个额外的硬盘驱动器需要比较大的投资，但是如果原有驱动器不能工作需要临时使用新的驱动器时，你会觉得这个投资还是非常值得的。

把信息存储在一个以"云存储"命名的虚拟网盘中。许多虚拟网盘都会提供一定空间的免费存储，你只需要对额外的存储空间进行支付。

将数据备份到CD、DVD或者闪存驱动器中，然后把这些东西放在安全的地方。你不可能将整个电脑中的内容都用这个方式进行备份，但是对于一些重要的内容来说，这是一个非常好的存储方式。

137.变卖一些旧的电子产品

不要让一些旧电脑、电话以及打印机等电子产品占据家中太多的空间。如果你购买了一款新的电子产品，你可以询问一下你的经销商，有什么方式或者在哪些地方可以回收或者变卖你打算处理的旧产品。如果他们也不清楚，那你可以考虑把这些旧产品变卖给废品回收商。通过寻常的丢弃方式处理这些物品可能会造成很大的安全隐患。

在产品保修期满之前，你可以将购买产品时它们自带的包装盒放在家中存放短期物品的地方，一旦这些产品过了保修期，你就可以考虑将这些盒子进行处理。

138.纸质文件未必能进行有效提醒

由于担心可能会遗忘某些重要的事情，你是否常常会把相关信息打印出来，并把这些纸张堆积在桌面上？实际情况是，当这些纸张被压在大量的东西下面的时候，你可能会更容易忘记某些事情，或者丢失这些纸张。创建简明的电子文件会帮你轻松找到自己需要搜寻的资料，并减少纸质垃圾的产生。

139.创建合理的文件处理体系

与其把所有需要处理的文件都放在一个文件夹中，不如把它们分开放在文件柜或者桌面上的文件夹中。

你可以在设立的四个文件夹上分别标注1—8、9—15、16—23、23—31这样的数字，每一个数字都代表着不同的日期。当某一个文件需要在特定的某一天进行处理的时候，你就可以把它放在与此日期相对应的文件夹中。然后，根据日期来处理文件夹中的相关内容。

你需要通过这种方式收藏的一些纸质文件可能包括以下几种：

请帖（在把这些东西收藏起来之前，请在日历上先对相关事件进行标注）；

学校活动（也请首先在日历上进行标注）；

账单；

一些其他需要你进行答复的事情。

把优惠券、收据等其他东西放在单独的文件夹中。

140.整理桌面文件

如果你需要把一些文件放在伸手可及的地方，比如日程表，那么你可以在桌子上放置一个垂直的支架。把文件放在文件夹里并贴上标签。在任何时候都要保证，支架上放置的文件夹不超过5个。

141.及时清理文件，以保持工作环境整洁

为了避免纸质文件过于杂乱，你需要采取两项措施：

当你收到一份文件后，你要尽快决定怎样去处理这份文件；

保证有足够的空间存放你想要收藏的文件。

每当你收到一份文件的时候，不管是什么内容，都请先浏览一遍，然后迅速作出处理决定。你可能会有以下几种处理方式：

直接扔掉。对于一些垃圾信件，或者可以在网上进行答复的信件，你可以直接把它们扔掉。

把重要信息记录在本子上。记录完之后，你也可以把这些信件扔掉。

保留起来。当然，在作出这个决定之前，你需要先认真思考一下，你是否真的有必要这样做，在未来的日子里你还有多大的可能性会重新寻找和阅读这封信件。如果你确信需要保留，那么就请立即把它们收纳起来，或者放在待收纳文件盒中，以便在需要时能

够迅速找到它们。

请尽量减少收藏的信件的数量。

142.合理处理各种文件

你需要对自己收到的每一份文件都作出处理（比如回收、撕毁、放在待执行文件盒里，还是长期保留在文件夹内，或者是把它转交给其他人）。不要把这些信件一直堆积在一起而不去处理。

143.按计划处理各种文件

你是否感觉处理一大堆杂乱的文件是一件非常令人头疼的事情？对此情况，你可以先制订一个整理计划，然后按计划分步处理，这样就不用一次整理过多以至于产生放弃的念头。你可以从最新收到的文件开始处理，它们可能是你这周刚刚收到的一些信件，也可能是你从学校、办公室或者其他活动组织带回的文件。不管陈旧的文件是多么庞大繁杂，都请先从新收文件开始整理。

当你整理完最新一批文件之后，再把它们分类装在不同的文件夹中。你可以按照一个舒缓的节奏进行整理，比如可以只整理一个小时或者更长的时间，或者是每二十分钟休息一次。最后再把陈旧的文件也分类放置在恰当的文件夹中。

144.丢弃不必要的纸质文件

请尽量减少所保留的纸质文件的数量。如果条件允许，你可以把相应的重要信息记录在本子上，然后把纸张丢掉。同样的，如果你能够在网上搜索到完全相同的信息，你也没有必要再保存那些纸质文件。在接下来的第145条中，会详细讲到哪些文件你需要保留。

145.不是所有的文件都需要长期保留

对于一份金融文书，你最长需要保留多长时间呢？事实上，这是一个不好回答的问题，因为对于不同的人来说都有各自不同的标准。对此情况，你可以多咨询一下你的专属金融顾问。以下是我们为你整理的一些相关信息，用来帮你判断哪些文件需要长期保留，哪些文件可以适当丢弃。合理地清理这些文件，可以让你的文件更易于管理。

银行贷款凭条：你可以一直保存到把存款取出为止。

公用事业凭条：你可以一直保留到拿到下一个月的账单为止。如果你需要开居住证明的话，还需要保存更长一段时间。如果你需要将它们用于税务方面，则需要保存三到七年。

股票和债权证书：你需要永久保留相关证书，对于销售文书，你可以在售后七年以后丢弃。

汽车保险单和证明：此类文件只需要在当年保存即可。索赔文书和事故处理单则需要保存较长的时间，通常是三年左右。

人寿保险单：在你终止购买这项保险之后，你还需要把保单保存三年。

家庭投保记录：你需要把各种保单保存五年左右。你需要明确家庭的投保项目，每年或者遇到一些重要事情后都可以把相关项目进行更新替换。如果你有过索赔记录，请把相关单据保存三至七年左右。

银行对账单：这些文件可以保存一年左右的时间。如果你能够在网上查询到相关信息，那就完全没有必要再继续保留。

信用卡对账单：也可以保存一年左右的时间。同样的，如果你可以在网上找到相关信息，也可以不必保留。如果上面还包括税费信息，则可以把它们与当年的税务单放在一起。如果上面有非常有价值的信息，那么你可以把它和你的另外一些重要的金融账单放在一起。

报税单：这些单据需要保存七年。

重要证件（结婚证、出生证等）：最好把这些需要永久保存的证件放在一个防火的盒子中。过期的护照再更新之后则可以丢弃。

医疗凭证：你需要记录清楚你所经历过的重大疾病、重大伤害、各种手术、免疫检测结果、血液检测结果，以及你需要长期服用的处方药。

146.建立高效的文件管理体系

你可以参考以下建议建立一个高效的文件管理体系：

为每一个文件夹都制订特别的名字。不要用"杂项"这个名字去命名你的文件夹。如果一个文件值得收藏，那么一定有属于它的准确分类。

清楚地标记每个文件，并把不同文件的标签错开排列，以免相互遮挡。你可以从左到右排列文件，然后把相邻文件的标签错落粘贴。

不要在马尼拉文件夹里夹放不同类别的文件。如果可能，尽量把不同类别的文件放在单独的文件夹内。将不同类别的文件同时放在一个马尼拉文件夹中，不仅不方便查看每个文件的标签，也不利于整理。

养成随时整理文件的习惯。如果你不能做到这一点，那么你可以暂时把文件放在指定的待整理文件盒或者文件筐内，以便你能够轻易找到。

把最常用到的文件夹放在文件柜或者抽屉顶端，把很少用到的文件夹放在抽屉底层或者文件柜不起眼的地方。或者用颜色分类法对文件夹进行分类，这样，你能非常容易地知道哪类文件大概放置在哪个区域。

每六个月清理一次文件，更新并清理陈旧的文件。

147.挑选合适的文件柜

如果你经常需要收藏一些文件，那么不妨考虑购买一个文件柜。对于家庭办公来说，通常一个带有两个抽屉或者四个抽屉，深度约为56cm或者66cm的文件柜，就完全能够满足使用需求。

如果你想要购买一个46cm深的带有两个抽屉的文件柜，请先看一下是否所有的抽屉都可以完全拉出，因为很多这样的文件柜都不能做到这一点。

如果你已经拥有一个标准尺寸的文件柜，但是想把每个抽屉分割为长宽为信封大小的空间，那么你可以购买一些金属架安放在抽屉内部，对空间进行分隔。

如果你家中没有足够的空间，或者你并不需要购置一个文件柜，那么你也可以把文件放在一个专用的塑料盒中。你可以把文件夹悬挂在室内，而且尽量不要使用马尼拉文件夹。同样，你可以按照色彩分类的方法对文件夹进行整理。

148.制作专用的家装活页记录本

一个记录了家装改进过程的活页记录本，有助于你管控正在进行的家装工程，还能很好地保存对房屋修缮或家居改造工程的记录，这一切在你卖掉房屋的时候都有很大的用处。把所有的文件都夹在一个大的三环活页本里，根据不同的房间或不同的工程进行区分，且贴上标签。把工程承包人员的信息也记入其中，还有对房屋的评估、工程订单、收据、对原合同的修订和各种许可证的复印件。

这个记录本中还要辟出单页来记录家中所使用的涂料或油漆颜色，保存与之相符的色卡，并记下每种颜色的名字、油漆品牌、制造商、喷涂日期、所使用的房间等信息。还要记得粉刷某个房间或某个区域所支出的费用，以便日后参考。

149.合理管理各种手册和说明书

过多的手册和说明书会让空间非常杂乱，你可以去除说明书中英文说明的部分，从而减少说明书的体积。你或许还需要在说明书上写明购买该产品的地点、时间。为了防止购买单据遗失，你可以将它和该产品说明书订在一起。

经过总结，有两种非常有效的方法可以用来收藏各种手册和说明书，以下将详细介绍：

把手册按照字母排序放在一个三孔活页夹内。建议你把每一本手册都单独放在一个密封塑料袋内，以防损坏。再根据不同的类别进行整理（比如灶具、电视、搅拌机、咖啡桌等），或者是根据这些产品所放置的房间进行整理。

把手册放在悬挂在文件柜里的文件夹内。分类创建不同的文件夹，比如户外用品、家电、音像用品、电子产品、厨具、办公用品以及杂项等。如果一件物品，比如电动牙刷、电话、风扇、炉灶等，其说明书不能够具体归类到某一个特定的类别，那么，你可以将其放在杂项文件夹内。你可以尽可能多地创建文件夹，但是也应注意有些产品可以归类在同一个目录下面。

当你购买了某件产品后，你可以把相关的手册、说明书以及收据多保存一些时间。在你把某件产品转卖之后，也记得把相关的说明书给予使用它的新用户。

150.把书信用品放在一起

不可否认，相对于传统书信，电子邮件和短信在人与人的交流中占据了更为重要的地位。但是你仍然可能会在某个特殊的时刻需要亲自写一封信或者记录某些事情。所以，你仍然有必要在家中划分一块区域，来放置各种书信用品。

你需要把所有的相关用品放置在一起，包括文具、贺卡、说明卡、明信片、钢笔、邮票以及一些收件人地址等信息。你可以把所有的用品都放在一个收纳盒中，然后把盒子放在储物架上或者抽屉中。建议你用一些类似装饰盒一样的小的收纳盒储藏，既方便又能充分利用空间。

你只需要保留你喜欢并且会使用的文具。你还可以多收藏一些问候贺卡以及生日贺卡，以备不时之需。你也可以邮购这些卡片，当你的收货地址有变更时，请注意及时更新。

151.保持桌面整洁

你可以通过以下几种方法保持桌面的整洁：

只把重要的物品放在桌面上（比如电脑、手机、记事贴、笔袋等）；

把文件放在文件夹或者收纳盒中；

只把日常需要的物品放在抽屉里（比如回形针、胶带、剪刀、订书机等）；

限制桌面上个人物品（包括照片）的数量，一般最多放置三至四个；

每天工作结束后都整理一下桌面。

此外，你还可以购买一把舒服的椅子，以便你工作时会更加愉悦。

152.增加更多收纳空间

如何为办公桌增加更多的收纳空间？你可以把文件柜放在办公

桌下面或者旁边，用来盛放物品，或者是用一些带盖的收纳盒存放一些小物件，比如订书机、剪刀、回形针等。

153.制订计划表

把需要记住的电话号码记录在同一张纸上，将待做事项列一个计划表放在屋内，而不要用过多的记事贴或者把事情随意写在一些碎纸片上。

154.解开缠绕的线

藏匿在桌子后面的杂乱的电线常常会被忽视，并且还会有潜藏的危险。你非常有必要重新整理一下这些混乱的线。

为了安全起见，你需要把插头从插排或者墙上的电源插座中拔出，切断你办公桌上所有电子设备的电源。

除此之外，你还需要确保有一个能承受充足电量的插排，以保证当所有的电流同时被接通时，不会出现故障。

松开所有的电源线，确保这些线足够长，不至于在使用的时候绷得太紧，然后再依次连接上每一条电线。当你连接电线的时候，请在每一条上面都标记上这根线所连接的设备（比如电脑、打印机、路由器等）。

你可以把多余的电线盘好，用绳子捆扎，然后放在挂钩上，或者卷到绕线盘上。

如果有许多电线都是从同一个地方连接到另一个相同的设备上，那么你可以每隔一段距离就把这些电线捆扎一下。

你可以在办公桌下或者墙上装置绕线盘，然后将电线穿过圆盘插在插座上。这样可以让电线不会都堆积在地上，保持空间整洁。另外，PVC管也同样有这样的作用。

当你把所有的电线都整理完后，再重新把插口和电源设备连接。

考虑到将来电子产品的升级，你也可以购买一些无线电子产品。

155.减少能源消耗

将你较少用到的电子设备，比如打印机或者传真机，插在可独立控制开关的插排上。这样，当你不需要使用时，可以随时切断电源，从而减少能源消耗。

当你充完电之后，不要再把充电器继续插在依然没有断开的电源上，这样也会继续消耗电力能源。

156.保护个人隐私

窃取他人信息无疑是一种犯罪行为，但是在一段时间内，你可能并不知道自己的隐私已泄露。妥善地处理各种事务或许能帮你保护个人隐私。以下是提供给你的几点建议：

在清理文件前，请撕毁所有包含你个人信息的文件，比如姓名、年龄、生日、地址、社保卡号、银行卡号以及其他个人信息。

网购的时候请使用同一张银行卡。这样如果出现意外，你只需要注销或者挂失一张卡片。

复印钱包内重要证件的复印件。这些证件包括信用卡（正反面）、证明身份的证件等。把这些证件的复印件放在家中的一个防火收纳盒中。如果某一件东西丢失，你可以立即告知相关部门，以防个人信息被窃。

不要随身携带社保卡，把它放在家中的防火收纳盒中。

认真核对每个月的银行卡信息和信用卡账单，及时申述不明确的扣费。

每年都申请一次免费的银行卡消费记录打印单，检查是否有不明确的扣费情况，并找寻可能存在的风险。

第七章

起居室空间

157. 确定生活区的功能

158. 围绕中心点布置家具

159. 将各种杂物分类规整

160. 合理地利用桌面

161. 根据节日装饰房间

162. 在各楼层间轻松搬运物品

163. 把脏盘子放在折叠桌上

164. 将枕头和毯子放在一起

165. 尽可能地灵活利用空间

166. 使用遥控系统

167. 组建娱乐区域放置电子产品

168. 把喜爱的音乐收藏在电脑中

169. 关于CD的存放建议

170. 清理各种影碟

171. 整理影碟的方法

172. 妥当整理游戏机

173. 整理书籍的方法

174. 选择一个隔板可调节的书柜

175. 为书架确定特定功能

176. 让书架更具吸引力

177. 把纸质乐谱转为电子版

178. 让娱乐更容易

179. 创建一个半成品堆放区

180. 为运动设备找到新家

157.确定生活区的功能

你家中的生活区，无论你称其为起居室、休息室还是客厅，都是你家中最舒服并且使用频率最高的地方之一。大多数时间你都会待在这个地方，自然的，你的很多事务也是在这里进行处理的。你可以将在这个房间里进行的所有活动列一个清单，比如你是否需要在这里看电视、读书、小憩、吃饭、支付账单、整理邮件、进行业余活动、健身或是玩游戏……这并没有所谓正确或是错误的答案，仅仅是帮助你确定一下可能将要在这个房间里做的每一件事。当你把事情完全陈列出来后，可将每一项工作浏览一遍，并确定你所需要进行的活动，然后再将各项活动进行充分合理的规划，以便将房间整理到足以满足自己的需求。

158.围绕中心点布置家具

在起居室里布置家具，可以说是一个既充满挑战又非常值得去努力做的事情。首先，你需要确定一个中心点，例如娱乐中心、大陈列窗或是壁炉；然后，将家具围绕这个中心进行排布。为了方便人与人之间的交流，各个椅子和沙发之间的间隔最好不要超过2.4米。

如果有可能，在每一个椅子和沙发旁放一张桌子并在桌子上放一盏灯，以及所收集的一些照片或其他的装饰物。此外，请在咖啡桌和沙发之间预留36cm—46cm的距离，以便伸腿自如。

159.将各种杂物分类规整

你生活的地方可能会有很多台面，在这些台面上常常会有很多杂乱的物品。如果你不能总是保持你的茶几或者其他台面的清洁，那么花一点时间来统计一下那上面累计的杂乱物的数量并确定哪些物品可以一直保留在你的茶几上。这些物品一直放置在你的起居室里的一部分原因是，它们没有其他确定的位置。

如果茶几对于那些物品来说是最合适的存放位置，那么你可以购买一个箱子，然后将杂物整齐地放在里面，将箱子放置在茶几上。如果那些物品应当放置在别的地方，那么请为他们圈定一个固定的地方，并养成使用过后依然把他们放回原处的好习惯。

160.合理地利用桌面

茶几或咖啡桌上可以放置台灯、杯子、书、杂志以及一些小摆设，但是久而久之各种杂物可能都会堆积在那里。如果你能够做到有规律地整理你的起居室，那么你可以考虑在屋里放置一个篮子来盛放这些小物件。同时，你还需要在屋里放一个垃圾筒，以便能快速地清理垃圾。你可以用一个篮子装报纸，并在另一个屋里挂上挂钩以方便放置背包。在办公室里可以将邮件放在一个箱子中，或是将他们放在另一个屋里的垂直架上。

161.根据节日装饰房间

当需要为了庆祝某些节假日进行装修时，你需要将一些常规的、较少用到的装饰品收起，从而为更符合节日主题的陈设预留空间。你可以把整年不用的装饰品贴好标签，存放（或暂时地把它们存放）在假日盒子中。当节日装饰物需要替换之后，你可以把之前存放的物品重新摆出来。

162.在各楼层间轻松搬运物品

如果你住在一座复式房子中，你会发现，一旦将一个物体移到楼下，那么将几乎不可能再把它放回楼上，反之亦然。你可以买一个篮子并将它放置在楼梯旁，如果你需要送一些东西上楼，则把那些东西都放置在篮子中一并运送上去。相对于将物品随意地放置在楼梯上，这样做会更加规整也更有安全性。此外，你还需要确定自己大概隔多长时间清理一次这个篮子。一天一次当然是最为理想的，但如果你觉得这太烦琐，也可以等篮子满了再去清理。

163.把脏盘子放在折叠桌上

如果你经常在卧室吃零食或吃饭的话，可以考虑购买一个可折叠的桌子。这种桌子可以保护你的家具，并且让你吃得更方便。

你需要确保所有的食物和盘子只能放在折叠桌上。一天结束之前，必须将所有用过的盘子放进厨房，并把桌子折叠，收好。任何不遵守这个规定的人，第二天都不可以再将食物从餐厅或厨房取出来拿到卧室食用。

164.将枕头和毯子放在一起

在房间里放一些毯子和枕头会让人觉得更加舒适，但如果把它们随便乱放，就会使房间看起来非常凌乱。你可以把毯子和枕头全部放在地板或沙发上，并在屋里放置一个大篮子。请选择一个没有盖子的篮子，这会让你非常方便地在里面添置或拿取物品。

165.尽可能地灵活利用空间

在对房间各种物品进行规整时，根据情况灵活处理是非常重要的一个方面。诚然，将毯子叠好后再放置是一个非常好的处理方式，然而把它们只是随意地堆放在储物筐中也不是错误的做法。如果你的家庭成员更倾向于用这种方式去帮助你整理物品，那么你也可以在一定程度上进行妥协。

告诉家人，如果他们能够将折叠好的毯子放在一个指定的篮子里，会让你感到非常高兴；但是也要让他们知道，如果他们只是简单地把枕头扔进篮子里，你也同样不会不开心。

166.使用遥控系统

在当今社会，几乎所有的设备都有一个远程控制系统。一个组合式的远程控制器，可减少你所需要的遥控器的数量。如果条件允许的话，你可以考虑去购买一个。为每个遥控器做好标记，可以让你立即找到所需要的那一件。

通过远程控制可以让家庭中的一些项目处理变得简单化。将你常用的遥控器放在一个足够大的容器当中，并把其放在一个固定的位置上，比如咖啡桌或茶几上。告诉你的家人，最后使用过遥控器的人，要把它放回这个容器中。这是家里的每个人都可以遵守的一个简单的规定。

将你不经常用的遥控器放在家庭娱乐区的隔板上。

167.组建娱乐区域放置电子产品

如果你热衷于电子娱乐产品的话，你应该考虑组建一个娱乐区域来存放你所有的设备。花些钱去合理安放你的电视机、播放机、音响、话筒以及游戏机是非常值得的，更不要说存放各种各样的光盘了。

你可以购买一件家具，用来专门存放电子产品，把书和其他物件放在别的地方以便清洁。把各种产品的说明书放在相关设备的底部，以便你在需要时能够迅速地查找。

168.把喜爱的音乐收藏在电脑中

如果你有一个MP3播放器，你可以把CD上的歌曲全部上传到电脑，以此来节省储物空间。把你的CD数据备份到一个驱动器内，然后可以贩卖或者捐赠这些CD。

169.关于CD的存放建议

以下提供几种存放CD的方式：

你可以将CD从它们原有的坚硬的塑料包装壳中取出，然后放在专门的CD包中；

放置在光盘储存柜中；

直立地放在书架上，并用书挡进行固定。

如果你选择用类似排列书本的方式排列这些CD，那么请在每个CD盒的侧面进行标记，比如爵士乐、摇滚、古典音乐等，以便取用。

170.清理各种影碟

在找寻到储存影碟的最好方式之前，请先在家中的每一个房间查找并收集所有的影碟，将其聚集于一处。在收集完毕后，认真检查以确保每一张影碟都是在与其相对应的盒子中，把余下的空盒子单独放在一旁（你可能会在其他的收纳箱中发现与之相对应的那张影碟）。

你还需要检查所有的影碟，确保其完好无损，将不要的影碟放入盒里或包里，贴好标签，以便捐赠。

171.整理影碟的方法

选择一个合理的影碟存储方式，以便你和你的家人在需要观看时能够方便快速地找到，在看过之后也能容易地将它们放回原处。这里有几个可供你选择的建议：

放置在家中娱乐区域或者书柜里；

在影碟朝外的那面贴上一张便于查阅的标签；

将影碟夹在一本书里或者放到光盘盒中，这样一来，你就不用专门再为它准备一个箱子，从而可以节约许多空间；

放置在一个篮子或相片框里，并贴上标签以便查找。

如果你收集了大量的影碟，那么可以考虑按类别将其进行分类。要是使用专门的影片盒的话，则可用不同颜色的便笺贴标明不同类别。使用索引卡，用不同颜色的记事贴代表不同的影碟类型，并将该索引卡放在你的娱乐区或者抽屉里。这样一来，每个人都可以很快找到自己想找的影碟，并且看完后可以非常方便地将其放回原位。

172.妥当整理游戏机

把Wii（日本任天堂公司于2006年11月19日推出的家用游戏机。——译者注）、Xbox（由美国微软公司开发并于2001年发售的一款家用电视游戏机。——译者注）或者PlayStation（日本索尼旗下的索尼电脑娱乐SCEI家用电视游戏机。——译者注）等各种款式的电子游戏机放在娱乐区的隔板上。在你不使用时将其放在一个篮子或其他容器中。你还可以用绳子或者头绳将它们捆绑在一起。此外，你还可以特别指定一个地方放置一些特殊的物品，比如用照片盒来存放你的游戏点卡。

173.整理书籍的方法

这儿有许多方法可以整理书架上的书，重要的是找到一种你喜欢且方便有效的方法。以下是为你提供的一些建议：

按照作者、类别等进行书籍的分类；
按照书籍名称的字母顺序来整理；
把书本竖起来按照它们的高低顺序由左到右摆放。

174.选择一个隔板可调节的书柜

选择一个隔板可自由调节的书柜，以确保它有足够的高度来放置你的书或者箱子。如果你只有几本超大的书籍，可以将它们平放在书架上，而不要再将它们竖起来，或将这些超大书籍放在咖啡桌或茶几上。

购买自己能买得起的最好的书柜来保存自己最喜爱的书和收藏物。如果你想节约费用，可以选择一些特价的或者是二手的书架。当然，你也可以根据自己的喜好设计和装饰一个书架。

175.为书架确定特定功能

为你的书架设定一个特别功能，是使其保持井然有序的关键。每一个隔板都可以有不同的功能，并可以存放不同的物品。如果你有大量物品要收藏的话，也可以把一个整套书架作为这一类别的专用书架。

在你确定书架的功能之后，请将书架上所有的东西搬走，再挑选出符合相关功能区的物品放回。

如果还有空间的话，你还可以在隔板上放置一些装饰物。你可以将这些装饰都放置在一个隔板上，也可以将整个书架都作为这些装饰品的专用收藏架。

176.让书架更具吸引力

相对于传统的按照编目排列图书的方式，如果你更倾向于把书籍规整得更有设计感，那么，你可以尝试以下几种方法，这样可以帮助你营造出更加吸引人的视觉效果：

按类别、颜色、高度和类型(平装和精装)整理书籍；

打破单调的直线排列方式去布置书架；

不要把所有的书垂直或者水平摆放；

摆放一些你喜爱的图片或者有意义的小摆设；

去掉书皮以呈现一个更加清洁、丰富的视觉效果。

177.把纸质乐谱转为电子版

你还需要考虑用电脑备份乐谱。在你购买新的乐谱后，可以用扫描仪将其扫描到电脑上，并把电子文件放在计算机的一个特定的文件夹内。

178.让娱乐更容易

当你可以迅速找到自己需要的东西时，娱乐会变得更加容易而有趣。你可以把这些游戏设备放置在你的工艺区、厨房或者存储室等不重要的地方。

你可以使用托盘盛放食品和饮料，这会使清洁也变得容易,因为这会减少你去厨房的次数。如果你需要拼桌子，为了方便，请将其放在一个靠近储藏间、库房或者壁橱的地方。

179.创建一个半成品堆放区

许多人可能会在客厅里玩拼图游戏或制作工艺品。如果有可能的话，请你在当天做完之后，收拾干净所有的东西。如果不方便的话，指定一个桌子作为半成品集中地，把未完成的东西放在上面，然后把它放到房间的一个角落里，并在不使用时用薄纸盖住。尽可能地集中放置东西，防止其散乱一地。

如果拼图是你酷爱的游戏，考虑用特别设计的布来将它们包裹起来。

　　与其他家庭成员达成一个协议：当一个项目完成后，就需要把所有相关的物件收起来，放回真正属于它们的地方。

180.为运动设备找到新家

　　如果你需要在家中进行锻炼，那么你会需要找一个方便的地方来储存健身设备。一些便携式设备，比如瑜伽垫或力量器械，可以保存在一个箱子里，然后放置在一个当你需要使用时简单易取的地方，比如衣柜中。为了把健身时所用的光盘和其他光盘相区分，你可以考虑将这些光盘放置在一个小篮子中，或者其他特别设定好的地方。

第八章

儿童游戏和艺术创作区

181. 划分可存放玩具的游戏区

182. 适当舍弃不需要的玩具

183. 独自整理可以节省时间

184. 优先修理破损的玩具

185. 清理旧物给新品提供空间

186. 让孩子体验赠予的快乐

187. 限制毛绒玩具的数量

188. 根据尺寸的大小整理玩具

189. 简明清晰地标记每一件收纳容器

190. 创造性地整理小型玩具

191. 将盛放玩具的器具放置在一起

192. 将拼图进行色彩编码以便分类

193. 用不同的方式储存书籍和影碟

194. 限制玩具盒尺寸

195. 限制游戏时所用玩具的数量

196. 告诉孩子如何整理房间

197. 教导孩子懂得珍惜物品

198. 定期维护玩具

199. 为孙辈腾出一个存放玩具的空间

200. 选择性保留孩子制作的物品

201. 用相片记录创作品

202. 保留有价值的东西

203. 把纸质作业放进一个文件夹里

204. 合理收藏手工制品

205. 作品展示

206. 是否应当在冰箱上粘贴艺术品

207. 创造性地处理画作

208. 创造良好的绘画环境

209. 定期整理孩子的绘画用品

181.划分可存放玩具的游戏区

在你开始准备规整孩子的玩具之前，请确保已经在家中划分好一块单独的儿童游戏区，并且这个区域足够容纳家中所有的玩具。如果你没有空余的房间作为一个单独的游戏室，那么，也可以在你的起居室或者儿童房中划分一个空间，用来专门存放各种玩具。在条件允许的情况下，最好将所有的玩具都放置在一起，若是空间有限，你可以将它们分散储藏在卧室、起居室以及橱柜之中。

182.适当舍弃不需要的玩具

让你的孩子帮你一起把所有的玩具搬到游戏区，请多留意床下、家具与墙的缝隙处以及每个家具的内部、橱柜内部以及车辆的夹缝之中，从而避免遗漏。

在游戏区中放置四个大的收纳容器（袋子或盒子皆可），并在上面分别标记"捐赠""回收""修理"以及"出售"。

将所有的玩具分别进行归纳，把孩子几乎不会再玩到的玩具分别放置在相应的合适的收纳箱中。对于无法再修理的玩具，可以进行恰当的回收。

183.独自整理可以节省时间

虽然让孩子帮你一起整理各种玩具是一件非常有意义的事，但是你也很可能会发现，自己独自整理的话会让整件事处理起来更为容易。单独整理这些东西，可以让你迅速地做出相关的处置决定，然而如果你与孩子商议如何处理这些玩具的话，你很可能会发现孩子希望保留所有的玩具，尽管你非常清楚他们不会再玩这些。

将你打算舍弃的玩具在待处置区（孩子看不到的地方）放置两到三个星期。如果你的孩子非常想念某个玩具，并在不同的场合提到过它，这说明孩子依然非常喜欢此物，那你则可以将该玩具从待处置区移出。如果一个月的时间内，你的孩子都没有再想到或者提到某个玩具，那么你完全可以丢掉它。

184.优先修理破损的玩具

对放置在"修理"盒中的待修理玩具设定一个截止修理期限，并将这个日期记入你的规划表中。如果你不这样做，那它可能永远都不会被修理。若是某些玩具到修理截止期的时候依然还没有进行修理，那么，你可以考虑把它们进行回收。

不能正常使用的玩具会失去它的吸引力，并且容易变得脏乱。如果预计维修结果会不尽如人意，或者在将来的使用中可能会再次损坏，那么你可以直接回收这些玩具。

185.清理旧物给新品提供空间

为了给新增添的玩具提供储藏空间，你需要适当地处理一些陈旧的玩具。建议你合理地限定玩具的数量，并在圣诞节以及孩子的生日前对一部分玩具进行清理。你可以选择把这些玩具转卖到旧货店，或者转送给可能会需要它们的朋友。此外，你还需要将自己为更小的孩子所保留的玩具储存在另外标记的收纳箱里。

186.让孩子体验赠予的快乐

在你的日程安排表中，可以与孩子商议特别制订一个时间，去处理你想要捐赠或者卖掉的玩具，并邀请孩子与你一同清理每一个玩具。

安排一个时间将这些玩具赠送给收容所中的妇女和孩子。当你做这件事的时候，可以带着孩子一起，这会让他们了解到，他们的赠予会给被赠予者带去怎样的帮助。当他们发现那些被自己所忽视的玩具在赠送给一些一无所有的人时，他们会更容易舍弃这些玩具。与此同时，这也是让孩子懂得帮助他人并且珍惜和感激他们所拥有的一切的一个非常好的方式，因为相对而言，他们比很多人拥有的多得多。

187.限制毛绒玩具的数量

毛绒玩具有非常多的收藏方式，下面将为你归纳几个非常有效的方法：

你可以将其放置在大的、无盖的筒中或者玩具盒内；

你可以在家中的角落悬挂网兜，并将玩具放置于其中（这种方法也同样适用于一些在浴缸中玩耍的玩具）；

你还可以在家中的天花板上拉几条胶带，并将玩具悬挂在上面（这会让那些孩子不经常玩到的毛绒玩具变成家中很好的装饰品）。

此外，你还需要限定家中毛绒玩具的数量。在一些节假日以及孩子的生日之前，你可以告诉家人，你的孩子已经拥有了足够多的毛绒玩具，或者他们会更需要一些其他类型的玩具。每当收到一件新的玩具时，可以丢掉一些旧的，以便腾出足够的空间（如果你的孩子不喜欢新收到的玩具反而更偏爱他们已有的玩具，你也可以选择把新收到的玩具捐赠出去）。

188.根据尺寸的大小整理玩具

在清洗完所有的玩具之后，你需要开始认真整理那些希望保留的玩具。你可以将它们分为以下三类：

需要储存在盒子、箱子或者筒中的大型玩具；

适合放在鞋盒大小的收纳箱中的小型玩具（比如芭比娃娃、小汽车等）；

对于一些由各种小零件组装成的玩具，你需要将这些零件一起放置在单独的收纳盒中（比如拼图、积木等）。

如此整理会让你更加容易找到需要的玩具，并保证各个玩具及一些零件不至于丢失或混乱。

189.简明清晰地标记每一件收纳容器

在每一个收纳容器的顶部及侧面都进行清楚的标注，同时也不要忘记标注储存有玩具的抽屉。如果你的孩子还不识字，你可以用图片的形式进行说明。对于孩子们来说，这种方式可能会更便于他们的理解。这样做的好处是，当很多人同时进行游戏时，这会使你的游戏区依然非常有条理。

190.创造性地整理小型玩具

有许多方法可以用来归纳整理小型玩具，你可以选择一些你认为会行之有效的方法。以下我们将为你提供几样适合用来收纳小物件的容器：

- 透明的塑料容器；
- 收纳筐；
- 鞋盒；
- 文具盒；
- 可重复使用的密封袋（前提是这并不会存在让人窒息的风险）；
- 悬挂在门上或者橱柜中的干净的支架（请确保你的孩子可以方便地触碰到每一个收纳袋，如果有必要的话，你也可以在旁边放置一个坚固的脚踏凳）。

191.将盛放玩具的器具放置在一起

有许多方法来储存较小的玩具容器。以下是一些可供选择的建议：

- 放置在书柜中；
- 放置在货架上；
- 放置在三角玩具架上；
- 一起堆放在更大的收纳器具中。

为了让孩子能够方便地玩到他们想玩的玩具，请将这些小玩具放置在货架底层。

192.将拼图进行色彩编码以便分类

你可以通过以下方式整理拼图，以防丢失或杂乱不堪：

将所有的拼图碎片堆放在纸板上或者纸盒内。

把另一个纸板或者盒子盖扣在上面。

为这些拼图设计特殊的标记，并标记每一块拼图，或者涂抹不同的颜色进行分类。

将拼图放置在大小适中的塑料袋中，并在塑料袋上注明拼图的名称，然后放在装拼图的盒子中。这些塑料袋可以让拼图在盒子破碎的情况下依然不会散落。

不需要装在盒子中或者没有太多碎块的木制拼图，可以放在自封袋中。

你还需要告诉家人，将所有的拼图放置在各自专属的塑料袋中，然后将袋子密封好，放置到相应的拼图盒子中。将这些盒子放在方便取用的橱柜隔板上。

193.用不同的方式储存书籍和影碟

你可以在家中的墙上找合适的位置装置几块木隔板，然后将孩子们的书或者影碟等东西放置在隔板上面。对于没有足够的立柜或者书橱的家庭来说，这是一种非常有创意的储存方式。除此之外，你也为玩具及其他生活用品的收藏腾出了更多的空间。

194.限制玩具盒尺寸

过多的玩具盒会让房间显得更加杂乱，相对于大的玩具盒，把玩具放在较小的相匹配的盒子中，会减少清理玩具的时间。此外，将玩具随意扔到玩具盒内，还会造成破损。采用小容器同样可以有助于减少玩具的数量。

195.限制游戏时所用玩具的数量

为了防止屋内太过杂乱且便于整理，你可以限制孩子做游戏时使用的玩具数量。你可以要求他们每次只能选择玩具盒中的一到两个玩具。当他们玩腻一件玩具的时候，就要求他们把这件玩具放回原处，然后再取别的玩具。

还可以把所有的玩具分别放在几个带盖的大桶中，然后在桶身上贴上标签，注明一周内的哪一天可以使用，再将这些大桶放在隐蔽但方便储藏的地方。每天都拿出指定的那一桶玩具给孩子玩。玩过后，再将玩具重新放回桶内。这样一来，不仅每个玩具都可以被使用到，孩子也会感觉似乎每天都可以得到新的玩具。

196.告诉孩子如何整理房间

如果你的家中有一个孩子，那么你很容易就发现如果你只简单地让他们整理房间的话，他们几乎不会把房间整理得整洁又有条理。他们需要你明确地告诉他们具体应当怎样整理，比如把脏衣服放在竹筐中，把书整齐地摆在书架上，把干净的衣服挂在衣柜里，将玩具收纳在玩具盒内，等等。

许多孩子可能同时只记住你所提出的一到两点要求（实际上许

多成人也是如此）。所以，你可以在他们完成一件事情之后再交代他们去做另外一件事情，循序渐进地教导他们能够一次就处理多项事务。对于年龄稍大一些的孩子，你可以要求他们在卧室门后贴一张工作量表，以便审查他们是否真的按照要求整理完房间。

另外，随着孩子的成长，你也应当多倾听孩子的意见，看一下他们希望房间被怎样布置，并对好的想法给予理解和支持。这样，当你再次让他们整理房间的时候，他们就会明白自己可以将房间整理成什么样子。

197.教导孩子懂得珍惜物品

你完全可以在孩子很小的时候就教导他们应当珍惜物品。在他们小时候你就可以教他们应当如何整理、归纳及看护自己的物品，这样，在他们长大以后也会依然保持一个良好的习惯。

即使只是幼儿也可以帮助大人把玩具放到玩具桶里。从小培养收纳意识有助于孩子在长大以后依然拥有良好的行为举止。

教导孩子珍惜他们所拥有的物品——玩具、衣服等。在孩子小的时候引导他们应该怎样做，当他们有自己的一些想法时，也可以听取他们的意见。你也可以把这些变成家庭成员一起合作的事，而并不只是要求一个人去完成。需要注意的一点是，不要要求极度完美。你可以任由孩子按照他们的意愿进行整理，制订强制性规定只会让他们失去兴趣。同时，还要记得表扬他们的每一次进步。

198.定期维护玩具

每隔两到三个月都检查一下玩具是否有损坏。同时，你也可以利用这个时间对它们进行清洗和消毒。对于这项工作，你需要在自己的计划表中做一个备忘。你也可以选择在每个季节交替的时候开展这项工作。

199.为孙辈腾出一个存放玩具的空间

对于祖父母来说，在家中为孙辈腾出一个存放玩具的地方需要周全的思考。以下是可参考的一些建议：

> 将玩具放在带滚轮的盒子里，然后把盒子放在床下；
> 将玩具放在塑料盒中（孩子不来玩的时候，就把它们放在壁橱里）；
> 将玩具放在柳条编制的筐子中（如果空间足够的话，还可以放一些其他用品）；
> 将玩具放在客卧的五斗柜或者抽屉里面。

当孙子孙女到家中做客时，祖父母可以让他们的父母把那些玩具拿出来给孩子们玩耍。不过，相对于一直玩同一种玩具，孩子们会更希望在这里玩到不同的玩具。

每当买新的玩具之前，都先想一下家中是否还有存放它们的空间。这样也能帮你限制购买的数量和类型。

200.选择性保留孩子制作的物品

对于家长来说，孩子画的每一幅画都是非常有意义、非常珍贵的，许多家长可能都会希望能将其完整地保存。但是也请你思考这样一个问题：如果你每周都保留3幅画，那么一个月就会保存12幅，一年之后你的家中就会有144幅。若是你一直坚持这样收集并保存8年，那么8年以后就会有1152幅画作被保留下来。这其中还不包括孩子们创作的其他的特别的作品。

事实上，你并不可能保存孩子所有的画作或者上学用过的纸张，这看起来似乎让人非常沮丧，但是孩子是不断进步的，所以他们也并不需要你保存他们儿时的所有创作。

201.用相片记录创作品

如果你的孩子为了参加学校的活动（比如科技展或历史展）而花费大量的时间创作了某样物品，你可以将它们拍摄下来。然后自我劝说同时也争取孩子的同意，丢掉那件创作品。通过照片，你也可以继续保留住对于那件物品的回忆。

你可以把这类照片放在孩子的记事本或者童年相册中。作品会为你们留下美好的回忆，而不是让家中变得更加杂乱。

202.保留有价值的东西

通常来说，我们都不可能保留所有的东西，那么，什么样的物品是需要保留的呢？你或许已经知道什么样的东西最值得收藏，但是我们仍然为你提供了一些建议：

孩子画的第一幅画以及第一张他亲自写着自己名字的纸；
参加过的校园活动记录；
奖杯和丝带；

报到证；

校园照；

每年第一张和最后一张算术纸；

一份特别的报告。

在你保存的纸张上写清楚孩子的姓名、日期、年级以及教师姓名。

对于一些大型艺术海报，在家里张贴一两个星期后就可以更换，并可以用照片的形式记录被替换掉的海报。

203.把纸质作业放进一个文件夹里

每个学期，孩子都可能会从学校带回许多做过的作业，但是又不可能把所有的纸张都保存起来。你可以只保留一些对于将来复习考试有帮助的作业。当考试结束后则可以把那些作业纸丢掉。如果你想把这些当作纪念品继续保存，那么则需要进行合理的收藏规划。以下有两点建议供你参考：

把作业等纸张放入悬挂在文件柜中的文件夹里。为每一个孩子都准备一个写有他名字的专属文件夹。如果仍有许多东西需要被放进去，但是文件夹已经被填满，那么就清理掉一些原有纸张，而不要再额外增加一个文件夹。

把这些东西装在一个30cm×38cm的带扣信封里，并在信封上写明孩子的名字、年级、教师的名字以及所在学校。你甚至也可以把孩子所在学校的照片贴在信封封面上。请保证每年只收藏恰好能装满一个信封数量的纸质作业，然后再将每一年的信封放在一个塑料盒中，在盒子上注明孩子的名字，最后再将盒子放在孩子专用的壁橱里。

在每年暑假到来之前或者在新学期开学之际，都让孩子们检查一下他们上一年收藏的作业纸，并确定这些纸是否可以丢弃。如果你现在又有一些纸质作业，请与孩子们一起整理并决定哪些需要保留，哪些可以丢弃。

204.合理收藏手工制品

如果你有一些孩子亲手制作的泥土制品，但是你又不想把它们陈列在家中，那么你可以把这些东西拿给孩子玩耍。一旦这些物品被损坏了，就可以把它们丢弃。由于在拥有的时候已充分将其利用，所以，丢弃时心里也不会觉得太过浪费和遗憾。

在决定是否要收藏大型的科技作品前，先问问孩子和你自己最初制作这样一件物品的目的是什么。如果最初的目的仅仅是为了进行研究和学习，那么这些物品制作完成后就没有必要再继续保存。

205.作品展示

有许多方法可以用来展示孩子们的作品，以下是一些比较好的办法：

像把毛毯悬挂在木棍上那样展示；

在门厅或者孩子的卧室中拉扯一些线，在线上放几个小夹子，然用这些架子夹住孩子们的画作，从而把门厅或者孩子的卧室改造成一个小型画廊；

粘贴在厨房或者其他房间的布告板上。

定期更换画作，对于被替换掉的画作，你可以选择丢弃，也可以把它们收藏在孩子专门收藏画作的文件夹内。不必担心这样做会让孩子感到难过。

206.是否应当在冰箱上粘贴艺术品

在当下，把一些画作粘贴在冰箱上是一种非常时尚的做法，但就个人而言，并不建议把这些东西长时间贴在冰箱上，原因如下：

这样做会让房间看起来更加混乱；

如果你还在冰箱上粘贴其他东西，那么一些东西很可能被遮挡住。

你可以把孩子的画作粘贴在家中其他合适的地方。

207.创造性地处理画作

不要把孩子的画作仅仅用来展示。你还应该找一些其他的处理方式，比如你可以尝试以下几种方式：

做成隔垫；

裁剪为合适的大小做成书签；

用做包装纸（你可以把它们和包装纸放在一起，你也可以同样启发孩子专门创作一些可以用来当作包装纸的画作）；

可以为孩子提供一些模板用以绘制和裁剪成一个生日皇冠；

赠送给亲戚(当孩子长大以后，也可以让他们在画作背面写一些想说的话，然后再赠送)。

208.创造良好的绘画环境

你需要在家中留出一个能放置所有绘画用品的地方。为了孩子更加舒适地绘画，请尽可能购买儿童尺寸的桌椅。为了方便打扫，你最好挑选一些易于清洁的相关家具。这也能让孩子在绘画的时候更加心无旁骛。

如果你的孩子必须在厨房或者餐桌上绘画，那么请先在桌面上铺一块油布，以保护桌面不被损坏。

209.定期整理孩子的绘画用品

请每隔两到三个月（或者在你收拾孩子玩具的时候）整理一下孩子的绘画用品，丢掉已经干掉的贴纸、胶水等物品，并添置一些缺少的绘画用品。

第九章

卧室

210. 明确如何利用卧室

211. 发现并消除压力

212. 每日清晨整理床铺

213. 妥善整理衣物

214. 增加卧室光源

215. 限制床头柜上的物品

216. 在床边放置书柜满足阅读需求

217. 使用组合家具使空间最大化

218. 用托盘或篮筐放置零散物品

219. 重点布置卧室的景致

220. 清理衣柜柜顶

221. 装饰梳妆台

222. 巧用化妆品装点居室

223. 用衣橱代替梳妆台

224. 使用存储凳增加存储空间

225. 创建休憩空间

226. 用电子产品装饰卧室

227. 增加床下储物空间

228. 在床下使用滚轮储物箱

229. 限制床单数量

230. 为床上物品寻找适合的空间

231. 让孩子们自己整理卧室

232. 消除分歧

233. 创建书房

234. 配备专用书桌

235. 在卧室存放运动器材

210.明确如何利用卧室

在整理卧室前，你需要明确想要一个什么样的卧室。卧室可以成为你抛开外界烦恼、放松心情的避风港，你可以在此与你的另一半或者自己享受这份温馨与舒适。

当你清楚该如何使用卧室后，就需要计划如何整理。列出你需要的所有物品，包括你想要的房间功能。

211.发现并消除压力

将你的卧室装扮成一个没有压力的避风港，发现你的压力来源时，将其从卧室清除。你可能需要移除这些东西：

- 电视和电脑；
- 熨衣板和需要清洗的衣物；
- 文书和与工作相关的物品；
- 多余物品。

在你的卧室，可以只保留点燃生活激情的东西，其他的就从卧室移除。

212.每日清晨整理床铺

每天早晨起床后要立即整理床铺，这会使得房间看起来更简洁。而且你最好不要将所有的物品放在床上，尤其是不要放在你钟爱的床单上。这样也就避免了装饰枕和毛毯散落一地，你还得将它们放回原位的情况发生。如果这对你来说是个不小的挑战，那就尽可能少地在床上放置毛毯和枕头。

213.妥善整理衣物

你需要养成将脱下的衣服和鞋子放在固定地方的习惯，而不是到处乱放。避免杂乱堆积的最容易的方法，就是把衣物放在指定的位置。

214.增加卧室光源

卧室需要安置多个光源，以便通过调节光源数量使你在晚上放松身心和早上逐渐清醒。除了顶灯，你可以在卧室多安装两三个辅助灯，这样你就可以根据需求调控光源。

215.限制床头柜上的物品

限制床头柜上摆放的物品来使其保持简洁。床头柜的作用就是当你在床上时，可以随手拿到你想要的东西。明确你需要摆放在床头柜上的物品。这些东西可能包括：

△ 台灯；

△ 手机和支座；

△ 闹钟或播放器；

△ 相册。

216.在床边放置书柜满足阅读需求

如果你喜欢阅读并且床头柜（或床头架）上有很多书籍，一个小书柜可能是代替床头柜的最佳选择。

你可以保留床头柜上原有的东西，然后把书放在架子上。你可以把抽屉里的物品放在架子上的盒子、篮子或容器里。

217.使用组合家具使空间最大化

如果你的卧室空间有限，你可以放置一个五斗柜作为床头柜。这样你就可以把东西放在五斗柜的顶部，然后腾出一个抽屉（或者抽屉的一部分）来放置报刊、书籍、护手霜和眼镜。你可以把东西装入篮中，以节约空间来存放其他物品。其他的抽屉你可以用来放置衣服、床单和毯子。

218.用托盘或篮筐放置零散物品

在你的抽屉或者床头柜上放置托盘或者装饰性篮筐，来存放你的钥匙、零钱或其他容易散落到卧室地面的物品。

219.重点布置卧室的景致

在卧室这个私人空间里，梳妆台通常是非常混乱的地方。你可以为自己辩护说又没人会看到，但这种想法是不对的。你自己能看到，而且可能是你一天的开始和结束时都会看到的地方。你需要为自己创造一个自己喜欢的空间，这样你会对自己的房间和自己产生好感。自己很重要，花点时间来改善一下你的私人空间吧。

220.清理衣柜柜顶

你需要对衣柜里的每一样东西进行评估，然后问自己：

为什么它会在这？

它应该在哪？你可能有一些没有特定存放位置的物品。你可以把其他房间里的衣柜、梳妆台或者装饰盒作为它们的新家。你需要将干净整洁的衣服放在衣柜里，文书放在桌子上，损坏的东西放到修理区。

221.装饰梳妆台

当你的梳妆台上面很冷清时，你可以按照自己喜欢的方式来装饰一下。千万不要忽视这一步！如果你喜欢梳妆台现在的样子，就不要再把乱七八糟的东西放到上面。摆放让人赏心悦目的装饰品是远离混乱的最好方法。比如摆放以下装饰品：

迷人的镶框照片；

雕像；

纪念品；

你喜欢的首饰架；

花瓶。

如果你的梳妆台上空间很大，你可以将这些装饰品组合摆放，不过要小心，不要把梳妆台压坏。

222.巧用化妆品装点居室

有些香水和香水瓶可以和雕像一样漂亮。如果你有一个可爱的瓶子（或者两三个），你可以将它们陈列在梳妆台上（或工作桌等你需要的地方）。你可以把它们陈列在托盘上，让它们看起来更美丽整洁。同样的，你可以把首饰摆放在珠宝架或者展板上。

223.用衣橱代替梳妆台

如果你的梳妆台空间有限，这时大型衣橱就可以派上用场，为你提供更多的存储空间。它们比大多数的梳妆台更加万能和宽敞。

你需要决定每一层隔板（或者半个隔板）上放置什么物品并贴上标签。你需要把同类型的物品放在一起以便寻找，把零散的物品放在盒子或者篮子里，并按照需求贴上标签。

224.使用存储凳增加存储空间

卧室里的枕头、毛毯和其他的床上用品往往被扔得到处都是。这样就会产生下面三个问题：

在夜里你有可能被它们绊倒；

扔在地板上的东西会变脏；

混乱的情景让你的卧室变得杂乱。

白天的时候你可以把床上的毛毯和装饰枕存放在存储凳或存储箱内。

根据你的需要，储物凳可以成为一个很不错的额外空间，或次要存储空间。你可以把平日用不到的物品或书籍、过季的衣服放在存储凳的底部，而把每天使用的毛毯和枕头放在存储凳的顶部。

保持存储凳的干净整洁，这样你既可以把它当凳子，同时方便寻找需要的东西。

225.创建休憩空间

如果你的卧室还有额外的空地，你可以将其改造为休憩空间。它可以是一个简单的凳子、组合椅子、情侣座位或一张小桌子。它会是一个你享受自我世界的天堂。这个空间让你的床只保留了休息的功能，帮助你更快地入睡，睡得也更香。

226.用电子产品装饰卧室

当你卧室的空间也需要充当办公室的角色时，你仍然可以通过布置将其变成一个舒适的空间。在你的卧室桌子上放一个外观精美的屏风，这样你就不用担心经常盯着电脑而厌倦回复邮件。或者你可以把衣柜改造成办公空间。当你不工作的时候，你可以把门关上，将它变成一件造型美观的家具。

将电视放在带推拉门的电视柜中间，这样当你不看时可以关上柜门。将DVD盘放在隔板上的漂亮盒子或篮子里。

227.增加床下储物空间

如果你的家里确实存储空间有限，那么床下空间会是一个不错的选择。为了增加可利用的空间，你可以在每条床腿处安装支架。这样就会有15cm—20cm甚至更多的存储高度。你可以在各种商店买到这种支架，以便从床下存取物品。

228.在床下使用滚轮储物箱

如果你把东西存储在床下，最好选择储物箱。这样既可以保持物品的干净整洁，也方便使用。而你最好选择带有滑轮的塑料储物箱。

你可以把不常用到的物品放在储物箱里，比如多余的床单、节日装饰品、纪念品和多余的剪贴簿。如果你的存储空间有限的话，这个空间可以作为额外空间或者次要空间。

229.限制床单数量

你要想清楚实际需要多少张床单。通常两套（一套使用，一套备用）就足够了。如果你必须用新的床单，那就在你买来新的床单后，把旧的捐赠给别人。

230.为床上物品寻找适合的空间

下面介绍些节省存储空间的方法：

把床上用品成套分别放在多余的枕套里，把枕套叠整齐放在壁橱或者储藏室的高低隔板上；

把有滑轮的带盖储物箱放在床下；

将床上用品放在卧室衣橱的架子上。

使用真空的密封袋可以压缩床上用品的体积，从而节省存储空间。如果你有足够的存储空间，或者每个月至少换一次床品，那就没必要这么做了。

231.让孩子们自己整理卧室

孩子们需要自己管理自己的卧室，让他们自己改造卧室并负责卧室的清洁和整理工作，这样能使他们拥有将来在管理自己家时所需的技能。你需要告诉他们保持卧室整洁的重要性。下面介绍一些相关的基本原因：

干净的卧室可以显示出你的责任心，从而因为信任得到更多的特权；

食物和脏盘子会招来虫子，甚至老鼠；

经常照顾和定时清理的物品可以存放更久，并且令人身心愉快；

相比你随便乱放，整理好的物品会让你花费更少的时间和精力寻找；

经常清洗可以让你有更多的机会穿自己喜欢的衣服。

232.消除分歧

对于那些完全抵制整理的孩子，你需要求同存异，让他们独自处理个人空间，只要他们能将食物和不干净的盘子处理干净即可。你可能希望他们更有条理、更简洁，但是如果他们抵触，你就需要尊重他们的选择。因为尽管这是你的家，但也是他们的空间。

233.创建书房

孩子们需要一个地方来做作业。如果可能的话，你可以在他们的卧室里放置一张书桌。可以是一张传统的书桌，或者在符合你预算前提下的功能型书桌。备选方案如下：

- 一张轻便的书桌；
- 衣橱、书桌组合柜；
- 用木料搭建简易书桌。

如果你选择的书桌无内置抽屉，你可以使用文件柜或者堆叠式塑料抽屉。

234.配备专用书桌

帮助孩子维持书桌整洁，从而确保他有足够的抽屉空间。你可以选择分隔板或者小盒子来整理抽屉里的物品。

可以让孩子把现在用到的学校课本放在桌子上的储物格或者抽屉里，并使用双层的储物箱，一个放需要完成的作业，另一个则放完成的作业。或当孩子每完成一项作业，就让他立即放到书包里。

235.在卧室存放运动器材

如果条件允许的话，你可以在车库或储藏室放置运动器材。如果器材必须存放在孩子的卧室里，你需要买一些指定的器材存储箱。如果是孩子每周必须使用一次的器材，你可以把它放在袋子里，然后挂在墙上或门上。如果不经常使用，你可以把它存放在衣橱架子上或者床下。

第十章

服装及配饰

236. 认识到整理衣橱带来的好处

237. 使用挂钩创造更多的空间

238. 装扮衣橱

239. 整理衣橱前作个计划

240. 清理衣橱空间

241. 决定衣橱里衣物的去留

242. 斟酌可以保留的物品

243. 放弃不合身的衣物

244. 知道每件衣服多久穿一次

245. 赋予衣物新的情感和生命

246. 选择适合自己的整理模式

247. 少买少积攒

248. 分季节更换衣橱衣物

249. 为弟弟、妹妹保留衣服

250. 如何处理旧衣服

251. 修补损坏的衣服

252. 将衣服恢复到原有形状

253. 轻松去除衣服上的宠物毛

254. 明确可以保留的鞋子

255. 收纳鞋子的方法

256. 如何整理梳妆台的抽屉

257. 整理袜子的方法

258. 明确可保留的配饰

259. 收纳手提包的方法

260. 收纳腰带的方法

261. 收纳围巾的方法

262. 懂得淘汰人造珠宝

263. 收纳手镯的方法

264. 收纳耳饰的方法

265. 收纳项链的方法

266. 收纳戒指的方法

267. 记录需要立刻修理的珠宝

236.认识到整理衣橱带来的好处

许多人对衣橱并不上心，但当你了解了整理衣橱带来的好处后，你会惊讶为什么没有早整理一下。下面为你简单介绍一下整理衣橱带来的好处：

- 每天早晨穿衣服变为一件轻松的事情；
- 可以准确地找到你想要的衣服；
- 你的衣服不会再因为未挂好或挤压而产生褶皱；
- 你可以充分利用每一件衣服、每一双鞋子和每一种配饰。

237.使用挂钩创造更多的空间

在门后安装挂钩可以增加额外的存储空间。你可以自己安装或购买一排挂钩固定在门后。

238.装扮你的衣橱

整理衣橱时，你可能需要对其作一些改进。建议用木制衣架或超薄衣架代替无法良好支撑衣服的钢丝衣架。可以把淘汰掉的金属衣架送给洗衣店。

安装一个双杆来增加衣柜空间。使用多层衣架将不同的衣服（如套装）挂在同一根杆上。

如果你的衣橱里光线昏暗，可以考虑从家装商店购买吸顶LED照明灯安装在橱柜里，以增加亮度。

239.整理衣橱前作个计划

在整理前，你需要确定一下自己大概要花费多长时间。如果你想彻底地整理一下衣橱，就需要留出足够的时间。因为这可能是需要耗费一整天的工程。

如果你没有时间一次性整理整个壁橱，那就一次留出20分钟时间整理一个指定的地方(如隔架、挂衣架、橱柜层)。如果你选择分步整理衣橱，可以参照以下顺序：

悬挂衣服；

橱柜层；

隔架（如果你一次整理一个，可以从下到上依次整理）。

240.清理衣橱空间

你开始整理衣橱时，第一件事情就是把里面的衣服都清理出来（如果你是分阶段整理，那就从指定的位置开始）。清理所有的东西有两个目的：

你可以清晰地知道要整理的衣橱是什么样的空间；

你可以看到自己有多少衣服并决定将哪些放回衣橱。

241.决定衣橱里衣物的去留

把衣服从衣橱中都清理出来，检查每一件衣服后，将其分为不同的三类(贴上标签将其分开)：

保留；

丢弃；

捐赠。

242.斟酌可以保留的物品

在穿衣镜前试穿自己很久没穿过的衣服，然后问自己：

它合身吗？

喜欢穿上它的感觉吗？

它舒适吗？

有适合穿着的场合吗？或我曾经穿过它吗？

不要留着你去年连两次都没穿过的衣服，除非这件衣服需要在特殊场合穿。

检查衣服上是否存在污渍或汗渍，在将其放入衣橱前进行清理。

243.放弃不合身的衣物

每年体重略有增长或降低都是正常现象。不要囤积小号的衣服，期待自己的体重可以降低。捐赠这些衣服并不意味着要放弃你的减肥目标，它只是意味着你现在的生活需要更多的空间。当达到你想要的身材时，你可以购买新衣服来奖励自己。（此时你不得不买新衣服，因为你已经没有适合自己的衣服了！）只保留当前尺寸合适的衣服。

244.知道每件衣服多久穿一次

当你把衣服放回衣橱时，依照习惯将衣服按一个方向挂好。衣服穿过后，可将其朝衣橱里其他衣服相反的方向悬挂，这样你可以清楚自己实际穿过什么衣服，如果有衣服在衣橱里搁置超过六个月，那你就需要计划一下是继续穿还是送人。

245.赋予衣物新的情感和生命

人们常开玩笑说，当衣服保留一段时间后，它们将会重新流行。检查一下你的衣服，看看它们是否值得占用衣橱的空间。如不值得，就把它们送到二手商店或在二手网站上卖掉，也可以将它们变成孩子的玩具，赋予它们新的生命与情感。你可以用有纪念意义的T恤做成被子，或者把旧衣服撕成条，钩成地毯，或者用丝棉填充起来做成动物玩偶，或者做成抹布。

246.选择适合自己的整理模式

在你完成衣服分拣后，你可以将衣服按照以下三种分类方式中的一种进行整理：

种类：裤子、上衣、裙子、毛衣、日常服装和特殊场合的礼服；

用途：工作装、运动服、休闲服、聚会礼服、家居服；

工具：用衣架把衣服单独挂起来，或者充分利用特制衣架。

选择适合你的整理模式。

247.少买少积攒

要去买新衣服之前，检查一下衣橱，明确自己现有的和确实需要的衣服。这样，你就不会在买了新衣服以后，才发现衣橱里有两件类似的。同时也要考虑到一进一出的原则，如在你下次买新衣服时，将原有的类似衣服淘汰掉。这些简单的方法可以避免你的衣橱过于拥挤。

我们都倾向于一直穿着自己喜欢的衣服。购买那些你真正喜欢的风格，不要在衣橱里堆放几乎不穿的衣服。买几件可以混合搭配的服装，这样你可以通过更少的衣服搭配出更多的风采。

248.分季节更换衣橱衣物

衣橱的空间是有限的，你应该放置当前经常穿的衣服。

根据季节放置衣服，将过季的衣服放在另一个衣橱里。也可以将他们放置在一个透明塑料容器内，贴上标签放在另一衣橱里，或放在床下、储藏室。

在你将衣服储存起来前，先确认一下在过去的季节中是否穿过这件衣服，如果没有，那就考虑一下将它送人吧。没理由一味储存自己不穿的衣服。仔细检查一下衣服，看看是否有污渍、丢失的纽扣或者破损的地方，将其清洗或修理后再放回衣橱。

249.为弟弟、妹妹保留衣服

如果你计划将哥哥、姐姐的衣服保留给弟弟、妹妹，那就需要在换季的时候整理一下。拿出明年大孩子穿不了的衣服，放置在单独的容器内，并贴上标签标明衣服尺寸。然后将其储存在储藏室、床下或衣橱里的架子上，留给将来能穿到的弟弟、妹妹。

如果你不打算把衣服保留给年幼的孩子，那就把从冬天到夏天的衣服收拾出来，将没有变形的衣服通过剪裁做成新的样式，比如长裤改为短裤，长袖改为短袖，或者将它们捐赠出去。

250.如何处理旧衣服

旧衣服的处理既可以变成一份祝福也可能成为一种负担。如果你收到来自别人善意的赠送，但是衣服已经过时或风格不适合你，那你就没有必要储存它们。若衣服还足够好，那就想办法捐赠给慈善机构。

如果你打算将旧衣服赠送给别人，要先仔细查看每一件衣服。确定好衣服的尺寸，并咨询对方需要什么尺寸，喜欢什么风格的衣服。如果对方不喜欢或不能穿，那就赠送给其他人或者捐赠给慈善机构。

同样的道理也适用于别人送给你孩子的衣服，如果孩子们不喜欢那些旧衣服或者不愿意穿，那你就可以不要这些衣服，要是你不好意思不要，可以在接收后再捐赠出去。

251.修补损坏的衣服

衣服的纽扣丢失、下摆卷边、撕裂等，是很令人沮丧的事情。如果你还打算继续穿，那就需要修补一下。通常，在寻找其他衣服的时间内就可以把损坏的衣服修补好。

你需要购买各式各样的纽扣和一个针线包（线有黑色、白色、红色、米黄色就够了），还要用熨斗熨平粘在裤子和衬衫上的布贴，对于卷边的下摆可以用熨斗快速熨平。所有这些用品都可以在商店或手工艺店买到。

在洗衣间建立一个修理点，在此放置一个篮子并贴上"修补"字样，让你的家人将需要修补的衣服放在篮子里。

252.将衣服恢复到原有形状

如果衣服悬挂或清洗不当，会失去原有的形状，试试用以下方案来恢复衣服面料原有的状态。

如果上衣肩膀处的面料由于悬挂不当而变形，你需要将衣物放在熨衣板上（或将毛巾折叠后铺在桌子上），将熨斗蒸汽区在略高于变形处熏蒸。如果你的桌子是木头的，要确保桌面上有足够厚的毛巾，以免蒸汽损坏桌面。熏蒸后，用手指轻轻按平衣料变形的地方。

对于褶皱的裙子，用针将其腰带和下摆处别在毛毯上，用熨斗蒸汽在其上方轻轻熨烫。晾干后，将其挂入衣橱。

有时候由于重复的磨损和清洗，衣服已经失去其原有的形状。这种情况下，衣服已经没办法修复了。若衣服还能穿，可以将其捐赠给慈善机构。

253.轻松去除衣服上的宠物毛

如果你家里饲养宠物，并且经常看到它们出现在沙发和窗帘等地方，你就需要在家里的几个房间内放置粘毛棒来清理宠物毛发。定期使用吸尘器，并且在家具上覆盖防滑套、毯子、毛巾等，这样会更方便你清理。训练你的宠物，让它只能躺在毯子或毛巾上。

在卧室衣橱里放置粘毛棒，以方便你在穿好衣服前或将衣服放进洗衣机前将上面的毛发清理干净。在门厅里放置一个粘毛棒，这样，你在出门前就可以清理一下沾在衣服上的毛发。也可以在汽车里放一个，以便赴约前清理一下沾在身上的毛发。

254.明确可以保留的鞋子

收集所有的鞋子(不管它们目前在哪里)，并将其放在一个地方。对它们进行一下评估，然后再决定哪双鞋子可以放回鞋柜里。问问自己：

我喜欢它们吗？

我还会穿它们吗？

它们舒适吗？

是因为它们昂贵或者别人建议购买的，才要保留它们吗？

它们依然漂亮而且不需要修理吗？

将你的鞋子分为三类：保留、捐赠或扔掉。

255.收纳鞋子的方法

选择鞋子的最佳收纳空间，壁橱可能是个好地方。以下为你介绍存储鞋子的方法：

放在壁橱里的单元格中；

搁置在壁橱里的双层鞋架上；

利用帆布或塑料布制成鞋架放在壁橱门后面，再将鞋子放在上面；

放在悬挂于壁橱上的帆布鞋架里面。

锻炼和日常穿的鞋子可以放在大厅的鞋柜或门厅里。

将特定场合穿着的鞋子放入透明鞋盒，或拍下鞋子照片贴于原包装盒外，然后将其搁置在一些次要空间，如衣橱里的上层架子或衣橱底板的空间里(如不常用到的次要空间)。

256.如何整理梳妆台的抽屉

你需要将抽屉清空，把里面的物品放在床上，按照种类将其分开堆放。

如果你把不同的物品放在同一抽屉里，你需要用分隔板或容器将它们分开。这些抽屉分隔板可以使每类物品拥有自己独立的空间并保持抽屉的条理性。

矮梳妆台最上面的抽屉会是你平时经常用到的空间。对于这个抽屉，一个很好的用途就是放置内衣。如果还有空间的话，把袜子放在里面也是一个不错的选择。

如果你的梳妆台较高，不方便打开最上面的抽屉，你可以考虑把中间的或者较低的抽屉用作日常使用的存储空间。

257.整理袜子的方法

为了避免袜子丢失，同一类型的袜子可以买相同颜色。例如，正式场合时穿的袜子是一种颜色，运动时穿的是另一种颜色等。洗袜子时用网兜或袜子清洗整理器（由SockPro生产），保证清洗后袜子依然是一双。

258.明确可保留的配饰

一件配饰可以提高你的穿衣品位，例如装饰性的围巾、帽子、手套、皮带以及手提包等。你可以把家中所有的配饰都集中在一起，然后把它们分成不同的类别（手镯、围巾、手提包），把同类的物品放在一起。当你整理完以后，需要对它们一一进行评估。问问自己：

我还会佩戴它吗？

它和我的衣服搭配吗？

它能让我感觉良好吗？

它是否状况良好？

你可以将不符合这些标准的配饰送给别人、卖掉或者扔掉。

259.收纳手提包的方法

下面为你介绍存放手提包的方法：

挂于衣橱内不同高度的挂钩上；

挂在挂钩、门或衣橱挂杆上的专用衣架上；

放在衣橱隔板或架子上的篮子里；

放在小柜子里（如果你的衣橱里有小柜子，就把手提包按照颜色一个个地排在里面）；

清理床箱的空间来放包（如果你不经常换手提包的话）。

如果你只是一个季节换一次手提包（或者更少的话），你要清楚你需要或者想要保留多少手提包。是打算继续用原来的还是买新的？在确定你不会再使用时，那就把它送给别人或者卖掉。（如果你的手提包依然流行的话，你将会卖到更高的价钱。）

260.收纳腰带的方法

下面介绍一些收纳腰带的方法：

挂在衣橱挂杆的圆形衣架上；

挂在衣橱的挂钩上；

挂在衣架的挂钩上；

卷起来放在门口的鞋柜里（每个空格放一条）；

卷起来放在梳妆台的抽屉里（一个抽屉放一条）。

261.收纳围巾的方法

下面为你介绍一些实际可行的存放围巾的方法：

折叠好放在抽屉里（利用抽屉分隔板摆放整齐）；

放在衣橱挂杆的软垫衣架上；

挂在围巾架上，以保证每条围巾都有自己的空间。

或者你可以通过以下方式收纳围巾来达到装饰的效果：

用挂钩挂在衣橱或卧室的墙上；

挂在门后的挂钩上。

262.懂得淘汰人造珠宝

人造珠宝通常是由廉价的金属或石头做成的，可以用于搭配服饰。通过搭配不同的珠宝首饰，也可以让别人感觉你有多种首饰。

一件普通的珠宝首饰基本上佩戴一个季节就要退休。每到季末，你需要对人造珠宝进行鉴定和清理。你可以处理掉那些存在以下情况的珠宝：

佩戴后产生污渍或者变色的；

容易损坏的（比如变形的手镯）；

佩戴频繁的。

你可以选择将其送人、扔掉或者添加到孩子的首饰盒中。

263.收纳手镯的方法

下面介绍一些存放手镯的方法：

使用透明的有可调节隔断的塑料孔盒（这个可以在工艺品店买到）；

将装饰性手镯或者手链单独存放在首饰收纳袋中，并将其挂在挂钩上或者门上；

挂在梳妆台上的分层珠宝盒（这些可以在箱包商店买到）上；

堆放在抽屉的盒子里；

挂在梳妆台上的台面支架上；

挂在衣橱里的壁挂式支架上；

挂在衣橱横杆上的圆形衣架或者钩子上；

挂在每一杆的端头都有开口的多层衣架上，每一层都可容纳
像手镯一样的物品。

264.收纳耳饰的方法

如果存放不当，耳钉容易丢失而耳环则容易缠在一起或损坏。
另外，只能找到一只耳环而不是一对的情况总会让人很沮丧。

你可以选择如下位置存放耳环：

陶瓷的饰品盒；

透明耳饰收纳盒（每一小格放一对）；

耳环架；

透明的首饰收纳袋（每个袋里可放一到两枚戒指）。

你需要把耳堵扣在耳钉上以防丢失。如果你丢失了一个耳堵，
你可以在工艺品店的珠宝制作区找到替换品。

265.收纳项链的方法

在你把项链放好之前，一定要系好以防吊坠脱落或链子打结。把
项链依次悬挂，以防它们缠在一起。你可以选择以下位置悬挂项链：

珠宝盒里的挂钩；

固定在墙上的首饰毛绒垫；

项链架。

你也可以把项链存放在透明的首饰收纳袋中。每个袋子只放一条项链。

266.收纳戒指的方法

把你的戒指放在同一个地方，以便随时找到它们。你可以将戒指存放在以下地方：

带衬垫的珠宝盒；

透明的首饰收纳袋；

首饰盒；

玻璃的戒指基座或一只陶瓷手。

把完好的戒指单独放在带衬垫的珠宝盒中，以防被刮花。

267.记录需要立刻修理的珠宝

当珠宝损坏时，你需要把它与其他珠宝分开存放。将其放在盒子里的特定位置以防丢失，并且立即在待办事项中记录下来，以便出门时把它拿给珠宝商修理。

同时为你的纯银饰物买块抛光布，根据需要将其抛光。然后把它们放在一个不透明的塑料密封袋里（可在珠宝店买到），以延缓其氧化时间。

第十一章

盥洗室、衣橱和洗衣区

268. 分派各自的空间

269. 让储物柜更有用

270. 安全存储药品

271. 季节性地检查药品

272. 保存好急救药箱

273. 充分利用盥洗室上方的垂直空间

274. 充分利用门后的空间

275. 为化妆品寻找收纳方案

276. 只保留使用的化妆品

277. 分开收纳很少使用的化妆品

278. 构造水槽下方空间

279. 遮蔽好裸露的管道

280. 为试样物品的收纳制订一个计划

281. 在可接触的地方多放些厕纸

282. 为浴缸中的物品创造一个空间

283. 防止物品堆积

284. 保护好洗浴用品

285. 让盥洗室有益于儿童

286. 将洗浴玩具放在一起并保持干燥

287. 保持台面整洁

288. 在清洁之间保持凌乱

289. 每次使用舆洗室之后快速清洗

290. 把淋浴喷头浸泡在醋中

291. 控制潮气，防止发霉

292. 把壁橱里相似的物品放在一起

293. 把毛巾放在经常使用的地方

294. 保持洗衣区的整洁

295. 把洗衣用品装起来

296. 预测去自助洗衣店的洗衣用品

297. 减少洗衣的数量

298. 让脏衣服收集更容易些

299. 制作一个洗衣时间表

300. 开始洗衣前的丢弃与发现

301. 在房间里晾干衣服

302. 让熨衣服变得尽量简单

268.分派各自的空间

当盥洗室需要多人共用时，可以利用装饰性容器在空闲的地方、抽屉、壁橱等位置为每个人创造一个个人的专属区域。可以为每个人分派一个不同的架子或抽屉来放置他或她的个人物品。

为减少类别，利用每个人都可能用到的基本的盥洗物品（如沐浴露、洗手液、洗发液、牙膏）来进行分类。

为每位家庭成员反复使用的毛巾指定一种不同的颜色或款式。

269.让储物柜更有用

储物柜是一种额外空间，可以用它来收纳日常使用的物品。可以根据不同功能进行归类，如口腔保健品、护肤品、急救品。如果各种物品高度不相同，归类时必须将该因素考虑在内。利用有隔板的货架，可以将不同高度的物品分类放在一起。

如果你有两个盒子，区分好男士和女士区域，每个区域分别摆放他或她的个人物品。

270.安全存储药品

尽管镜子后面的壁橱通常被称为药品柜，但它并不是储存药品最好的地方。较高的温度和湿度可能导致药品在有效期内失效。

药品需要存储在凉爽、干燥之处，远离高温和潮湿，放在儿童接触不到的地方，卧室衣架或衣柜上方有盖的容器是不错的选择。

271.季节性地检查药品

每逢春天和秋天，检查非处方药供应情况。检查有效日期，列出需要更换或继续存放的药品名单。检查的药品类别包括消炎药膏、轻微烧伤药膏、酒精和双氧水等杀菌消毒药、太阳灼伤麻醉喷雾剂、非处方止痛药（布洛芬、阿司匹林）、止咳剂、祛痰药、吐根糖浆等。将所有药品放在一个容器中，会更容易区分。将过期药品送回药房进行安全处理，不要将其随意丢进垃圾桶或冲进下水道，因为它们可能会对环境造成危害。

272.保存好急救药箱

在你的家里以及任一交通工具上准备一个急救箱。选择一个坚固的容器作为急救箱，并在上面注明。在家中指定一个特定的区域存放急救箱，以便所有家庭成员都知道其位置，该位置应选在显眼、容易找到的地方。

每年对急救箱中的物品进行两次检查，以确保所有急救物品存储良好，且在有效期内。

273.充分利用盥洗室上方的垂直空间

如果你需要在盥洗室存放更多东西，你可以在盥洗室中安装货柜或壁橱，也可以购买独立的货架或适合安放在盥洗室上方的壁橱，它们可以用不同的材料做成，并展示出不同的风格，一些甚至还可带抽屉。利用垂直空间可以让盥洗室的收纳空间加倍。你可以用这些空间存放毛巾、化妆品、美容工具、装饰品等。

274.充分利用门后的空间

当盥洗室空间紧张时，利用门后的空间就可以让你的收纳空间倍增。在门后挂一个有24个口袋的帆布盒，盒子呈流线型，不会影响开门，而这些口袋可以让你把所有物品分开安放，可以存放卷发棒、吹风机、发饰、梳子、个人护理品、护肤品以及其他可能在盥洗室用到的东西。浴巾、毛巾也可以卷起来很方便地放在这些口袋里。

门后空间还可以用来存放浴室里的清洁用品，但一定要将有毒的物品放在比较高或小孩无法够到的口袋里。

275.为化妆品寻找收纳方案

你可以将化妆品按照适当的方式进行归类，如按护肤类、彩妆类（粉底、遮瑕膏、腮红、唇膏）等分类，或者按日用、办公用、夜用、特殊场合使用等用途分类。接下来为化妆品选择特定的存储方案：

抽屉：使用干净的、有不同分隔的塑料盒分开存放。在比较深的抽屉里，使用可以堆叠的盒子，或者使用若干小的、适用于你家抽屉的塑料篮子。

柜面：使用装饰性的篮子，其中可以放置较小的杯子或玻璃瓶之类的小容器，用来收纳眉刷、眉笔、睫毛膏等。使用较浅的杯子或篮子放置眼影、唇膏及其他小东西。或者购买一个可旋转的化妆盒，它能够让所有物品在你手指拨动时都清晰可见。

经常外出时：你可以在包里装上用来收纳化妆品的化妆袋。如果每天使用相同的物品，你可以在化妆袋和家里分别备置两份，这样就不用每天置换。

276.只保留使用的化妆品

许多女人会有大量几乎从来不用的化妆品。允许自己扔掉那些不适合自己，或者已经厌倦的花花绿绿的东西。

因为化妆品可能过期、变质，里面可能滋生细菌。下面为你介绍一些化妆品的有效期：

睫毛膏：3—6个月

眼线笔：3—5年

无油粉底：1年

粉饼：18个月

遮瑕膏：12—18个月

散粉：2年

唇膏及唇线笔：2年

唇彩：18—24个月

指甲油：1年

277.分开收纳很少使用的化妆品

如果是那种很少使用的化妆品，请将其单独置于化妆袋中，放在次要的位置，如抽屉的后面，或者盥洗室门后的容器中。以同样的方法处理仅在旅行时使用的化妆品。

278.构造水槽下方空间

将橱柜放在水槽下方，通过安装滑动隔板或者折叠箱最大化利用空间。在滑动隔板或折叠箱中放置小型容器或较小的物品。碗橱里也可通过安装旋转活动隔板来创造更多空间。

安装挂钩用来悬挂吹风机、卷发棒或熨斗，使用比松紧带更加结实、使用寿命更长的头绳来打结。

将所有洗涤用品放在一起，若家中有小孩，则要确保橱柜是安全的。

每隔三个月检查一次橱柜，以保持其整洁。

279.遮蔽好裸露的管道

如果下水管裸露在外，你还可以利用下水管下方的空间。将下水管缠绕包裹起来，形成一个密闭的空间，而建造另一个储物柜。

280.为试样物品的收纳制订一个计划

在将旅行装洗漱用品从旅馆带回家之前，先计划好如何使用它们。当计划空间时，一定要现实一点去考虑究竟需要占用多少空间。你不需要因为免费而从旅馆带走任何东西，这些物品带回家可能有两种用途：

给在家里过夜的客人使用（将其放置于客房或客用盥洗室）；

旅行用（将其放在可封口的小塑料袋中，并将其与行李放在一起）。

281.在可接触的地方多放些厕纸

收纳好厕纸可能并不是什么大问题，但当你或者客人想用厕纸却发现厕纸刚好用完的时候，你可能才会突然意识到该问题的重要性。

在衣柜或者大容量的器具中存放一些厕纸，在盥洗室存放三到四卷额外的厕纸。你可以采用下列方法之一：

　　放在洗漱台下；
　　放在马桶旁边敞开的篮子里；
　　放在专门用于放置厕纸的单独的架子上。

购买适用不同的收纳方法的厕纸，大卷的纸可能无法放置于特定的容器中。

282.为浴缸中的物品创造一个空间

为了使物品远离淋浴区，可以在喷头或者淋浴门上安装一个盒子，并限定只有浴缸中的物品才能放在盒子里。

如果只有一个浴缸，可以在角落里安装一个张力杆状浴盒，或者角落隔板。

283.防止物品堆积

没用完的洗发水、护发素、化妆品、肥皂及其他物品可能占据整个盥洗室。扔掉多余的东西，为防止该问题反复出现，需要遵循以下原则：

　　如果你试用了一件新产品，但是不喜欢，那么马上将其处理掉，可选择退回、送人或者扔掉。

如果你喜欢经常更换不同的品牌，那么就购买小包装的洗发水、护发素、沐浴露。

不要保存用了一半的产品，在启用新物品时将旧的用完或者扔掉。

不要保存超大容量的洗浴用品，将其分开倒入小瓶子用以日常使用，将剩下的部分放在洗漱台下面。待小瓶内的洗浴用品用完时，将其重新装满。

284.保护好洗浴用品

浴盐等并非每周都会用到的物品，不要放在浴缸甚至盥洗室内，因为其中的温度容易使它们变质。将这些东西放在衣柜里，用到的时候再取出来。

285.让盥洗室有益于儿童

在盥洗室里保证孩子的安全，并让其能够很方便够到相应的物品，需要遵循以下原则：

在浴缸喷头及水龙头上安装缓冲防护物，以防磕碰；

在浴缸及洗漱台附近使用纺织物或橡胶垫防止湿滑；

在洗漱台边放置小孩用的脚垫使其能够得着洗漱台；

在小孩子能够到的高度安装可活动的挂钩来挂毛巾；

将洗发水、护发素放在浴缸或喷头附近小孩子不易够着的地方；

在放置洗涤剂、药品的地方安装儿童防护锁。

286.将洗浴玩具放在一起并保持干燥

洗浴玩具是小孩洗澡时的必备品。如何保持这些玩具干净整洁，可参考以下建议：

限制玩具的数量；

选择防水且易干的玩具；

每次洗完澡后，将玩具中的水分全部沥干，以防其内部发霉；

教育孩子在每次洗澡结束时冲洗、晾干并放好各类玩具；

将玩具放在洗漱台下方的容器中，或者将其置于网袋中，挂在浴缸上方的墙上。

287.保持台面整洁

如果可能，将大部分物品都放在抽屉或橱柜里。将那些必须放在洗漱台上的物品放在漂亮的容器中，那样，你就可以清晰地看到自己拥有什么东西，并让一切看起来整洁有序。将类似的物品放在一起，置于篮子里。

将牙刷放在开放式的、能够防止滋生细菌的容器中。利用肥皂盒使洗漱台保持整洁，或者将肥皂液放在压泵瓶中。

288.在清洁之间保持凌乱

早晨时间紧张、睡前疲劳可能很难保持盥洗室台面整洁。利用台面上的篮子作为收纳中转站来放置没有时间收拾的东西。然后每周清理房间时，将盥洗室的所有东西整理一遍。在洗漱台上放置篮子，来收纳各种各样经常会用到但又不宜放在抽屉里的东西。

289.每次使用盥洗室之后快速清洗

有一些可以让你的盥洗室在每周清理之前保持整洁的法则：把一次性湿巾放在方便够取的地方，便于随时清理污渍。每次使用之后，请做好以下工作：

- 晾起毛巾；
- 清理物品；
- 冲洗水槽里的牙膏泡沫和皂垢；
- 使用橡胶扫帚或者抹布擦拭沐浴墙（降低玻璃门发霉和结垢的风险）。

290.把淋浴喷头浸泡在醋中

如果你发现淋浴喷头在有水压的情况下出水量仍然很少，取下淋浴喷头查看是否是硬质水堵塞。水槽的水龙头也一样，把它们放在醋里浸泡下防止堵塞。

291.控制潮气，防止发霉

为了防止发霉，控制潮气，你可以在洗澡的时候打开排风扇或者把窗户开一点缝儿，同时在洗澡结束后十五分钟依然如此。把浴帘打开，便于其完全晾干。

292.把壁橱里相似的物品放在一起

保持壁橱整洁有序最简单的方法就是把相似的物品放在一起。可以使用容器例如篮子来分类。把每一类物品放在指定的架子上，并贴上标签。

把壁橱的位置分为优先位置和次要位置。经常使用的物品放在容易够到的架子上。最高层或最底层是次要的位置，可以摆放不经常使用的物品。另外，把你每周都要使用的物品也摆放在方便的位置上，即优先位置。

293.把毛巾放在经常使用的地方

与把毛巾放在壁橱里的做法相比，你会发现把它们放在经常使用的地方会更方便。

收起擦手巾等其他毛巾，把它们放在浴室里空闲的地方或者架子上醒目的篮子里，把浴巾放在浴室的壁柜里。

把客人用的毛巾放在客人需要用的地方，或者放在一个有盖的箱子里，放在客人的床下，或者放在壁橱的最底层。

把沙滩毛巾放在浴巾的后面或者和其他季节性的物品一起放在高层的架子上。

294.保持洗衣区的整洁

洗衣房通常是一个混乱、藏污纳垢的地方，因为客人们从来看不到，更没有人愿意在里面花费额外的时间。那么就把墙粉刷成你喜欢的颜色，再挂上一幅画，然后在地上铺上漂亮的防滑地毯。当你发现它变得引人注目时，就多花心思，继续保持其井井有条。

295.把洗衣用品装起来

让你的洗衣房保持整洁并发挥作用。用塑料篮子或者不锈钢丝篮子来使物品摆放有序。

把小的物品（例如衣服除尘器，防水、防污喷雾，板刷，干燥剂，量杯）放在洗衣机和烘干机上面的壁橱里，和衣服消毒液、织物柔顺剂、洗涤皂放在一起。

如果你没有壁橱，可以把盛放这些物品的容器放在柜子的顶端，或者洗衣机和烘干机上面贴墙放置的架子上，或者是在天花板上设置一个三层悬挂型金属篮子来盛放洗衣用品。

如果你有一个洗衣的角落，可以用折叠壁橱门把洗衣机和烘干机隐藏起来，然后把洗衣用品放在它们上面的架子上。

296.预测去自助洗衣店的洗衣用品

如果你使用的是自助洗衣店，整理好一次性的肥皂包放在塑料袋里，把漂白剂放在小的容器里，够当天用即可。这样可以帮助你少带些东西。

297.减少洗衣的数量

下面是减少你一周要洗的衣服数量的一些方法：

让孩子（或者成年人）重新穿那些没有弄脏、没有汗渍或者没有特殊气味的衣服，提醒他们把不脏的衣服收好，而不是扔在地板上，不然这些衣服每次穿完都需要洗。

在吃饭的时候给小孩戴一个围嘴或者穿上专用的围裙，这样就不用每次吃完饭后都给孩子换衣服。

鼓励孩子趴在桌子上吃饭，减少食物溅在衣服上的机会。

衣服上的一个小污点可以用一点水、肥皂和抹布清理，而不是把整件衣服扔进脏物篮。

让家庭成员自己洗自己的衣服。当他们意识到多久自己就要洗一次衣服，就会减少每天换衣服的次数，或者更经常性地再次穿一些衣服。

根据你的生活方式，每周洗一下床单，如果你晚上洗澡，两周洗一次也可以。

尽可能地重复使用浴巾。

298.让脏衣服收集更容易些

扔在地板上的脏衣服并不能代替地毯，传统的洗衣篮子是我们洗衣服之前收集脏衣服的一种有效方法。把这个洗衣篮子（或者节省空间的代替品，例如网状洗衣袋）放在大家换衣服的房间里，从而让他们更好地管理自己的脏衣服。打开篮子的盖子，方便大家把脏衣服放进去。

切记不要把湿的衣服、毛巾或者浴巾放在篮子里，不然会发霉的。

299.制作一个洗衣时间表

把洗衣时间列进自己的计划里，在一天合适的时间里洗衣服。这不存在正确或者错误的时间计划，你可以这样做：

在一天之内洗完衣服；

一天洗一件衣服，如果你的家里有大量的衣服要洗；

在晚上或者早上洗两到三件衣服，如果这样的工作时间适合的话。

在家庭日历上把洗衣服的时间标出来，让家庭成员知道你的时间安排。告诉他们，他们有义务把自己要洗的衣服拿到洗衣间。如果不这样，他们将穿不到干净的衣服，除非自己洗。

300.开始洗衣前的丢弃与发现

在洗衣机与烘干机的旁边放一个"丢弃与发现"的小筐。洗衣服之前查看下衣服的口袋，把发现的东西丢在这个小筐里。在另外的一个小筐里放只找到单只的袜子，如果一个月内没有找到另外一只，就可以丢掉（或者做成袜子玩偶）。

301.在房间里晾干衣服

在洗衣机和烘干机的上面安装一个晾衣杆或者使用竖立的衣架晾那些需要晾干的衣服。你也可以在房间里面拉一根晾衣绳。不要在洗衣房里放置干净的衣服。为每一个家庭成员准备一个独立的洗衣筐，并告诉他们及时取走自己的衣服。衣服一旦晾干，就记得取走。

302.让熨衣服变得尽量简单

如今，许多纤维织物和衣服都是抗皱型的，所以熨衣服的量不会太大。尽量把熨衣服的工具放在洗衣间里，如果洗衣间实在没有地方可以放置，就把熨衣板放在你熨衣所在房间的壁橱里，小型的熨斗可以放在桌角的熨衣板上。

关于如何简单地熨衣服，下面还有一些建议：

当衣服干的时候就尽快把衣服从烘干机里取出来，悬挂或者折叠起来，防止产生不必要的褶皱；

批量地做熨衣服的工作；

检查衣服的标签，阅读注意说明，然后按照低温到高温的熨衣要求把衣服依次排好，把熨斗调到熨衣要求的最低温度，然后开始工作，在工作的过程中根据需要升高温度即可；

熨完衣服之后要立即把衣服悬挂或者折叠起来；

消除纤维织物的褶皱时，可以考虑使用蒸汽挂烫机，因为这种质地的衣服太脆弱，不适合电熨斗。

第十二章

工艺品和珍藏品

303. 多用途兼顾的办公空间

304. 把物品放回原位

305. 把项目所需物件放在一起

306. 置办可移动办公设施

307. 让房间更加明亮

308. 立即整理新进用品

309. 买东西应适可而止

310. 妥善整理各种杂志

311. 不要让重复的物品占据空间

312. 置换多余的物品

313. 每年清理一次收藏品

314. 放弃拖延时间过长的项目

315. 在工作台面上放置保护垫

316. 妥善保护毛质地毯

317. 为珠子找到合适的收纳盒

318. 把珠子穿成串

319. 按类别收纳珠子

320. 按类别整理纱线

321. 关于收纳直编织针的建议

322. 关于收纳环形编织针的建议

323. 关于收纳钩针的建议

324. 对于收纳各种花样的建议

325. 有关布料收纳的建议

326. 布料是否能放在木质存储架上

327. 保持缝纫台面的整洁

328. 关于缝纫用品收纳的建议

329. 关于储藏棉絮的建议

330. 关于装饰纸存放的建议

331. 为随时能进行剪纸制作做准备

332. 关于收纳木质橡胶印章的建议

333. 关于收纳亚克力徽章的建议

334. 关于收纳贴纸的建议

303.多用途兼顾的办公空间

每当你重新整理储物架的时候，请先将架子上的所有东西都搬下来，然后把类别相近的东西放在一起。在整理每组类别的物品同时，丢弃一些你并不需要的。整理完之后把剩下的物品放在合适的收纳盒中，然后再贴上标签注明所放物品的类别。最后把收纳盒放回储物架，然后在每层架子上贴上相应的标签。请记住不要把容易散落的物品独自放在储物架上。选择用一个收纳盒将它们收集在一起，这样不仅能够最大化利用空间，还会非常方便寻找。

如果你还需要置办额外的储物架，那你可以考虑购买一个书架，或者是制作一个可与室内空间相结合的货架，或者是易于折叠的便携式货架。你同时也可以考虑多利用梳妆台以及衣柜的储存空间。

304.把物品放回原位

当完成当天的工艺品制作工作的时候，请记得把拿出的相关使用工具放回它们原来的位置。这会让你在下一次需要使用时能够非常容易就找到它们，从而为你下一次再进行制作节省许多没必要浪费的时间。如果你第二天会继续从事这种工艺制作，那么，你也可以把所使用的工具等物品继续放在办公桌上。请确保所有物件都摆放整齐，这同样可以为第二天的工作节省很多时间。

305.把项目所需物件放在一起

如果你正在做的工艺品需要从一个地方转移到另外一个地方，请把那些与该工艺品相关的物件都放在收纳筐中一起搬运。这样做不但方便，还不会让物品有任何遗漏。当你把所有的东西都转移到新的办公地点之后，请记得把这些零碎物件再重新摆放在合适的地方。

306.置办可移动办公设施

为了方便家具的安装和清理，你可以置办一个可移动的办公设备。当你需要的时候，可以把这件设备在房间中自由移动到任何位置。

307.让房间更加明亮

在制作工艺品的时候，能够拥有充足的光照是非常重要的一件事，你可以通过在办公桌旁安置一盏灯来营造一个良好的照明环境。有些卤钨灯同时带有一个放大镜，这样二合一的组合形式不仅能够节省空间，还能够缓解眼睛疲劳。同时，你也可以考虑在房间中安装灯带以增加房间的亮度。另外，你也可以采用日光灯或者变频灯，这些灯所发出的光会将物品的颜色反映得更加真实。

308.立即整理新进用品

每当你购买了一件新的工艺品后，请尽早把它放置在合适的收纳盒中。如果你只是把它放在原有的包装盒中，那么你很有可能会忘记这件物品被放置在哪个地方。（人们常常会忘记盒子里面会放着什么东西。）此外，你也可能会忘记原有包装盒被放在了什么地方，每当你需要寻找这件东西的时候，也会花费很多的时间。甚至因为遗忘，你可能会重复购买同样的物品。

309.买东西应适可而止

请遵守一条原则，购买你需要的物品，并记得使用你已经购买的物品。在商品打折的时候购买东西会帮助你节约一些钱，但是因此过多地购买不必要的东西，也会让家里的物品堆积得非常杂乱。购买一个可以收纳各种办公用品的橱柜，能帮助你更好地整理房间，但是请一定要控制收纳柜的尺寸。

310.妥善整理各种杂志

你可以把各种杂志放在杂志架上，或者收藏在办公空间的某一个地方，并贴上写有每本杂志名字和日期的标签。

对于一些重要的文件可以进行特别的记录，可以把相关信息记录在电脑里，或者把诸如杂志名、年份、月份以及页码等信息记录在一张尺寸大约为8cm×13cm的卡片上。如果你采用卡片的方式记录相关信息，请记住再把卡片放在这些杂志旁边的卡片盒中。

311.不要让重复的物品占据空间

当你清点完所有的工艺品之后，请找出已重复购买的物品，并认真思考你是否真的需要拥有两件同样的东西。如果你的答案是否定的，那么你可以考虑把多余的物品赠送给一些需要它们的人。要学会舍弃那些你不喜欢、不常用或者不再想用的东西。如此做的话也可以为那些你喜欢和常用的东西提供更多的存放空间。

312.置换多余的物品

如果你有一些不想要或者重复的物品，你可以考虑和喜欢它们的朋友以及家人进行交换。你们可以选择一个轻松的午后一边喝茶，一边分享和交换这些物品。对于一些交换过后依然剩余的物件，你可以考虑把它们捐献给公益组织。

313.每年清理一次收藏品

如果你不会定期制作工艺品，那么也请你一年拿出一天时间对这些东西进行整理。丢掉已经过期的材料，比如干胶水、标签以及油漆等。如果你还需要购买一些材料，请把它们写在购物清单上以防遗漏。请尽量确保自己所购买的每一样材料在你进行工艺品创作的时候都是非常有用的。

314.放弃拖延时间过长的项目

你可以每六个月检查一下自己所进行的所有项目，并为未完成的工艺品确定一个大概的完成时间。与此同时，你还可以选择终止一些你已经没有兴趣的项目。

请放弃一些已经被拖延了很长时间却依然没想要完成的项目，或者是一些你已经购置了相关制作材料但迟迟没有动工的项目。你可以把这些材料赠送给那些需要它们的朋友或者组织。

如果一次性丢掉一件大的物品非常困难，那么你可以分批进行处理，然后再把剩余的可用材料赠予能够用到它们的人。

丢弃一些不必要的物品，会让你的房间更为整洁，并且为你喜爱和希望保留的物品腾出更多的空间。

315.在工作台面上放置保护垫

制作工艺品时，各种珠子和石头可能会随意撒落，各种线头可能会不经意掉落，针对这种情况，你可以在工作台面上放一个保护垫。这些保护垫或许包括以下几种：

折叠好的毛巾；

缓冲式鼠标垫；

一块无纺布。

316.妥善保护毛质地毯

如果你的创作室里铺有地毯，你可以考虑在地毯上面铺一张橡胶垫。这样，每当一些小石子或者碎纸片掉落时，你可以迅速地找到并清理干净。铺设这样的垫子也会减轻掉落的珠子与地面的撞击力度，从而减少损害。

317.为珠子找到合适的收纳盒

当你需要储存一些彩珠的时候，你可能需要用多个收纳盒储存不同大小和形状的物件。你可以在一些工艺品店、体育用品店或者五金店中找到这样的小盒子，也可以考虑把它们存放在一些通常用来存放螺栓和螺母的工具箱中。

手工密封塑料盒有很多独立的分隔，把珠子放在这样的盒子中可以有效地避免散落。这些盒子可以存放在货架隔板上，或者抽屉里面。你可以在网上或者工艺品店购买到这样的产品。

根据功能对所有物品进行分类，把相同类别的工具放在一起。

318.把珠子穿成串

如果你得到一条成串的珠子，并且希望用这种方式进行储存，那么你可以考虑在墙上、钉板或者布告栏上安装几个钉子或者挂钩，然后把这一串珠子悬挂在钉子或者挂钩上面。当你需要用某一个珠子时，可以把线剪断将珠子取出，然后再把断开的线重新打个结做成珠串，最后将重新做好的珠串挂到原来的位置。

319.按类别收纳珠子

按照类别和色彩区分收纳所有的珠子看起来是一件非常麻烦的事情，但是在你进行工艺品制作时，你会发现这样做能帮你节省许多时间。你可以把珠子放在有多个分隔的盒子里，这样也会更方便进行收纳整理。

如果你拥有许多同一颜色但不同种类的小物品，那么你可以考虑按照颜色将这些东西进行分类。比如，你可以把同样是红色的各种珠子、石头以及与它们相匹配的线放在一个收纳盒里，还可以把都为蓝色的珠子、石头以及和这些颜色相关的物品相搭配的线放在另一个收纳盒中。

320.按类别整理纱线

把你收集的所有纱线都堆放在一起，然后再根据颜色、材质、重量以及类别的不同进行分类整理。

把所有的纱线按类别分好之后，再分别放在有盖的透明塑料盒中。如果你有非常多的纱线需要收集，那么可以选择一些大的塑料盒。放好之后再在塑料盒上贴上标签，注明纱线的捆数和重量。

321.关于收纳直编织针的建议

以下是一些关于直编织针收纳的建议：

放在装饰性酒盒中；

放在比一般笔盒更长的笔盒当中（你可以在一些工艺品店中找到这样的笔盒），并在笔盒外贴上标签，注明里面所放置的编织针的规格；

放在拥有好看的包装的燕麦盒中；

插在针辊上面（你可以在网上或者卖各种纱线的店面购买，如果有兴趣，你也可以根据网上的教程自己制作）。

322.关于收纳环形编织针的建议

以下是一些关于环形编织针收纳的建议：

可以把圆针放进有透明塑料封面的三孔档案夹里面，然后把它们立在隔板上（把圆针的大小标记在封面上）；

放在一个圆形针缠绕器上（你可以在小商品店买到，或者自己按照网络教程做一个）；

放在无缝夹里，再用从工艺品店买的木质线轴把它挂在墙上（你可以在网上寻找制作的免费教程）。

323.关于收纳钩针的建议

以下是一些关于钩针收纳方面的建议：

你可以把它们放在一个材质较硬的铅笔盒中，并在其外部贴上标签，以便你在不打开的情况下就能得知里面所放的物品究竟是什么。

你还可以把它们放在带有拉链的塑料笔袋中。

324.对于收纳各种花样的建议

我们可以从多种途径搜集各种各样的花样，在此，我们归纳总结了一些比较好的收纳办法：

书籍。你可以在你的书架上专门腾出一个空间用来存放各种针织类的书籍。你可以根据适用对象的不同，将它们进行排列整理（比如毛衣、围巾、袜子等）。

单张花样图片。你可以购买几个文件夹放在抽屉里，每个文件夹都写明里面所对应的可以放的花样类型。你也同样可以用活页册代替。

网络搜索。你可以把在网上搜索到的关于各种花样的网址添加到收藏夹中。如果你担心某一天网址可能会丢失，那么你可以把看到的图片复制并保存到一个相应的文件夹中。你甚至可以把花样图案打印出来，然后按照前面所讲的单张花样图片的保存方法进行保存。

电子阅读器。你可以把搜集到的花样图片和相关说明在电脑上转换成PDF文件，然后再通过一些计算机程序将它们传送到电子阅读器上，比如PDF。

325.有关布料收纳的建议

由于长时间的光照会让布料的颜色变淡，韧性变差，所以，建议你不要把布料放在阳光直射的地方。

你可以将相近颜色、相同材质（比如棉、毛料、丝绸、聚酯纤维等）的布料归为一类，然后把同一类别的布料放在同一层储物架上或者同一塑料盒内。为了方便取用，你没有必要把盛放布料的收纳盒用盖子盖住，此外，敞开的收纳容器还能保证空气的流通，这对于延长布料的使用寿命也是非常有利的。你可以把收纳盒自带的盖子回收或者放在存储间里，以备不时之需。

326.布料是否能放在木质存储架上

实际上，把布料存放在木质存储架上是否妥当是一件有争议的事情。一部分人认为，由于木材中释放的酸性物质会使布料褪色、韧性变差，所以不应当把布料存放在未经加工的木架上。但是也有人说，他们放在木质存储架上将近二十年的布料依然完好无损。保险起见，你可以将布匹放在涂刷有聚氨酯面漆的木质存储架上，或者在放置布料前先在木板上铺垫一层其他类别的布料。

327.保持缝纫台面的整洁

如果你有一个能够做缝纫的工作台，那么建议你不要把无关的物品堆放在台面上，尽量保证工作台的干净整洁。把各种各样的布料堆放在操作台上看上去似乎更加方便省时，但实际上每当你工作前清理这些物品时，都会花费不少的时间。当然，也不是所有的物品都不能一直保留在工作台上，你可以把旋转式切割机以及尺子等东西放在上面。如果你的工作台面过低，你可以在商店里买一些便宜的立管垫在桌脚，以增加台面的高度。

328.关于缝纫用品收纳的建议

你可以把一些缝纫材料以及正在做或者已经完成的缝纫制品一同放在没有使用过的披萨盒中。你可以在当地的披萨店内购买到这些未拆封的披萨盒。利用披萨盒作为收纳容器既方便又实用。同样的，你也需要在每一个披萨盒上贴上标签，写明盒内所放物品的详细信息。如果你希望自己的披萨盒更好看，你还可以用一些软布或者装饰纸把它们包装一下，或者喷绘一些好看的图案和颜色。

329.关于储藏棉絮的建议

膨胀的棉絮会占据大量的空间，所以，最好把它们放在原包装袋里，然后放在货架上。你也可以根据它们的数量裁剪一些布条，然后用布条把棉絮包裹好，卷起并捆扎，最后把它们放在货架上的收纳盒中。

330.关于装饰纸存放的建议

有许多方式可以用来收藏卡片和装饰纸，以下是我们为你提供的几点建议：

根据颜色和款式的不同，把不同的装饰纸放在深约8cm，并带有隔板的收纳盒里（类似于办公室里的收信箱，或者是商店里的纸品陈列柜）；

把纸品放在带盖的盒子里（许多盒子最大可放置约30cm×30cm大小的纸张）；

放在同时带有隔板和抽屉的多功能组合架上；

用透明压纸器可以让这些纸张立在架子上摆放；

用极具设计感的好看的纸箱来存放尺寸为30cm×30cm的剪贴纸、包装纸。

331.为随时能进行剪纸制作做准备

如果你想在教室、朋友的家中甚至是家里的每一个房间进行剪纸制作，那么建议你购置一个方便携带的器具，以便收纳和搬运所有的剪纸材料和工具。这些用品包括：

可手提的大箱子；

可拖拉也可手提的工具包；

一个大的手提袋。

以上这些东西你都可以在网上和工艺品店中找到。

332.关于收纳木质橡胶印章的建议

为了方便收纳，建议你将不同类别的印章分别存放在独立的收纳盒中。对此，我们有一些建议供你甄选：

放在可抽拉的带有透明玻璃的抽屉中；

放在货架上的盒子里；

放在工具箱或者工具盒内。

333.关于收纳亚克力徽章的建议

一定不要把亚克力徽章放在阳光直射的地方。关于这种物品的收纳，我们有以下两个建议：

放在旧的空CD盒中（每个CD盒大约可以放四到六个亚克力徽章）。

放在带有透明夹页的活页册中，并按照不同的类别存放。如果你有非常多的亚克力徽章，把它们都放在一个活页册，可能会导致这个活页册变得非常沉重。所以，建议你根据不同的类别，将其分别放在几个小的活页册中。

334.关于收纳贴纸的建议

你可以根据不同的类型收纳贴纸（比如字母类、旅游类、度假类、儿童类等），并将不同类别的贴纸放在不同的盒子中以便寻找。以下为你提供几条关于整理和收纳贴纸的建议：

放在标准大小的信封中，并在信封上注明所放贴纸的类别；
放在透明的塑料袋或者彩色信封中，并将开口密封好。

当你把贴纸放在塑料袋或者信封里之后，请再把这些塑料袋或者信封放在合适的地方，比如抽屉、盒子或收纳筐里。

第十三章

储藏空间

335. 创造近在眼前的收纳空间

336. 选择具有隐秘收纳空间的家具

337. 尝试使用有架子的可调节桌子

338. 用书架来代替壁橱

339. 开发衣柜的更多用途

340. 加设一个窗座

341. 桌裙隐藏所有

342. 在长凳里储存物品

343. 使用老式行李箱充当茶几

344. 为物品指定特定的收纳空间

345. 为储藏空间指定主题

346. 将物品存放在既方便又安全的地方

347. 针对霉菌和潮湿的保护措施

348. 用分类法来组织储藏空间

349. 使用储物架来替代堆放物品

350. 选择耐用的容器

351. 勿使容器的负担过大

352. 使用容器里面的容器

353. 用色彩来标记你的储物箱

354. 使用专门的容器收纳装饰品

355. 在假日结束后清理装饰品

356. 每年评价储藏区域的物品

357. 如何为成长中的孩子储藏物品

358. 一间仓库具有长远的应用价值

359. 储存运动装备的方法

360. 制作便携装备包

361. 在车库里为车辆建造房间

362. 划分出停车位

363. 储藏工具的方法

364. 储藏园艺工具的方法

365. 存放露台家具的方法

335.创造近在眼前的收纳空间

当你没有阁楼、地下室或专门放置储物架的房间时，你可以怎么做？发挥你的创造力！你可以通过选择一件具有双重功能的商品来获得近在眼前的功能性收纳区域。这类商品的双重功能分别指它们的主要功能（例如桌椅区域），以及他们可用于储藏物品的第二功能。

336.选择具有隐秘收纳空间的家具

搜寻有隐蔽收纳空间和隔间的家具。选择分隔式储物架，并且每个隔间可摆放一个篮子，或者使用一个旧行李箱来做咖啡桌。使用内部有隐蔽储藏空间，并装有易于打开的盖子的箱型软椅。购买有抽屉或柜橱的茶几。

337.尝试使用有架子的可调节桌子

如果你家里有一条宽敞的走廊，一张下方设有储藏架的方圆两用桌，则可以放置篮子来作为额外的收纳空间。你可以在桌子上放钥匙、信件和手机充电器等小物品。下面的架子则可以放置较大的有盖容器，在这个容器里，你能够放置自己想要收纳的任何东西。

338.用书架来代替壁橱

布置宽敞走廊的另一个选择是摆放一个高大的书架。将篮子或衣物箱放在书架上，然后用它们来盛放你本来要放在走廊壁橱或衣橱内的物品。

339.开发衣柜的更多用途

除了储藏衣物，衣柜还可以改做以下用途：

- 家庭纺织品储藏间；
- 收纳红酒杯及饮酒相关物品的小型吧台；
- 家庭办公室——用于储藏电脑、打印机及办公用品；
- 清洁、熨烫及宠物用品储藏间；
- 附加的厨房壁橱空间；
- 手工食品柜橱。

340.加设一个窗座

如果家里有足够的空间，那么你可以在家里的任何房间加设一个窗座。这是一个用于收纳床上用品如季节性枕头、寝具和被子的绝佳地方。假如它不太深的话，还可以用于收纳孩子们的玩具。

341.桌裙隐藏所有

用尼龙搭扣给桌子附上一套桌裙。然后在其下方放置篮子或箱子来储藏智力玩具、游戏用品、运动训练器材、杂志或书籍、家庭日用织物等物品，它甚至还可以用来储藏餐具、唱片或者小型行李箱。

342.在长凳里储存物品

赋予有盖子的长凳储存物品的功能。例如：你可以在长凳里储藏书籍、杂志、手套、帽子，或者餐具垫和餐巾，将枕头放在上面并且用领带固定。你不需要买一架钢琴就会有一个钢琴凳。你可以在跳蚤市场、二手商店和古董市场找到它们。将长凳摆放在房间的角落或者紧贴着墙放置，以作为方便的补充性座椅。

343.使用老式行李箱充当茶几

将几个老式行李箱叠放在一起作为茶几使用，收纳任何可以放进其内的物品。例如：多余的玻璃杯、餐具、季节性的衣物、为客人准备的衣服、织物以及节日装饰物等。将使用频率低的物品储藏在这里。为了获得具有艺术气息的外观，你还可以使用Mod Podge胶将照片粘贴在行李箱的外表面，然后喷上聚氨酯来保护它们。

344.为物品指定特定的收纳空间

将物品扔在空房间、阁楼和地下室的这种行为并不是真正意义上的收纳。识别每一件你放在储藏空间里的物品，然后为每件物品打造一个特定的家。请记住要将类似的物品放在一起并且使用有标签的容器。将储物架贴上标签能使你知道应该将物品放在哪里，并在需要的时候快速地找到它们。

储藏空间是很有价值的，因此请建立一个为你的需要提供服务的空间，而不是把它当作那些在家中没有明确"生存"位置的物品的垃圾场。

345.为储藏空间指定主题

如果你有很多个储藏空间（车库、仓库、储藏室、阁楼），可以将相似的物品放置在同一区域，这样在你需要某件物品时只需要在一个空间内寻找就可以了。例如，你可以将所有运动装备放在车库，将全部旧衣服放在阁楼，将大量或额外的食物放在储藏室。

346.将物品存放在既方便又安全的地方

当你决定将物品存放在什么地方的时候，需要考虑每个空间的条件及无障碍性。将经常使用的物品存放在容易到达的储藏空间。如果你的地下室很潮湿且有霉味，应该警惕霉菌和气味等潜在问题。不要将对冷热敏感的物品放置在阁楼、仓库和车库。

347.针对霉菌和潮湿的保护措施

如果你的容器中存在霉菌和潮湿的问题，可以考虑在每个容器内放一个干燥剂（一种吸湿器）。你可以在网上购买或者重复利用新买的鞋子、钱包和大衣等物品内的干燥剂。请确保将其放置在小孩无法触及的地方。在容器中放置干燥剂和雪松屑可以保持衣服干爽。

348.用分类法来组织储藏空间

使用分类法来组织你的储藏空间，可以将寻找并取出你所需要的物品变成一件轻松的事情。遵循分类储藏的模式，在储物架和角落贴上标签来注明如衣物、工具和儿童用品等具体类别。

349.使用储物架来替代堆放物品

有一些容器可以堆放得很好，但是堆放物品会导致取出物品时的不便。当你想要取出底层的物品时，你不得不先将其上方的所有物品移开。尽可能设置储物架，以获得不必堆放太高的竖向空间。

350.选择耐用的容器

所有的容器都有自己的特性。使用最适合你居住地气候的容器。透明塑料容器在冷热交替中使用，或者处于从极冷到极热的气候中时很容易破裂。因此，应该选择高强度塑料或橡胶制品。同时要为容器寻找贴合度高的盖子。选择尺寸相同的容器使它们易于叠放，彼此贴合从而节省空间。

在每个容器上贴上标有其储存目录的标签。不要直接写在容器上，因为也许你以后会想将一个容器里的物品转移到另一个容器里。标签的选择包括：

用胶带将一张8cmx13cm的要点卡片贴在容器上；

在封口胶纸或医用胶带上写字；

贴标器。

351.勿使容器的负担过大

你也许会尝试尽可能少地使用容器，但不要使储物盒和储物箱超负荷。请确定你可以轻松地搬起并移动它们。有组织性的储藏的关键是将物品放在一个当你需要它们的时候就可以轻松取回的地方。

352.使用容器里面的容器

通过将小的容器放在大箱子里来节省储物架空间。这样在移动较少的物品时既可以保护小型物品，又可以使它们集中在一起。在每个小容器的顶部贴上标签，可以使你在翻看箱子时很轻松地找到它们。

353.用色彩来标记你的储物箱

一个快速找到节日装饰物的方法是，为每个节日的储物箱搭配不同的颜色。例如：蓝色为美国独立纪念日，橙色或黑色为万圣节，红色或绿色为圣诞节，等等。除了颜色标记体系外还可以使用标签。

354.使用专门的容器收纳装饰品

在任何可能的情况下，使用专门为特殊类型装饰物设计的容器（树上的装饰品、花环等），这使快速而安全地储存它们变得容易。节日过后商店会低价售卖这类容器。

在你的半储藏空间储藏装饰物。半储藏空间指你家里那些容易进入但却不能称之为有价值的空间的区域。

355.在假日结束后清理装饰品

清理节日装饰物的最佳契机是你将它们找出来的时候。

每个季节，当你将节日装饰物拿出来的时候，浏览每个容器中的每一件装饰物。修理或者丢掉那些损坏的物品，只留下那些你感兴趣和带给你快乐回忆的物品。

如果你不想再使用装饰物，那么有家庭成员想要的话就赠送给他们，或者捐赠给当地的二手商店。

当你购买新的节日装饰物时，请确定你可以清理掉旧的装饰物来保持你的收藏品是最新的，并且易于控制。

356.每年评估储藏区域的物品

每年评估一次你在当年都往你的每个储藏区域储存了什么物品。你将记起你都有什么，并且清理那些不需要的物品。

浏览在储藏区域内的每个容器，并且评估每件物品。如果你去年一整年都没有使用它，那么你真的还需要继续保存它吗？这是一件你会再拿出来使用的物品吗？这样你就不必检查存放了很久的储藏容器了。

你可以一次性浏览自己的所有储藏区域，或将这项工作分散在一年中完成，你可以在每个季度进行评估。这是评估你的储藏区域组织系统的绝佳时期，如果需要的话，你可以对其进行调整。

也许这看上去像是一次大的考验，但是如果你每年都坚持这项活动的话，你的储藏区域将秩序井然，并且你每年清理杂物的时候只需要浏览很少的物品。

357.如何为成长中的孩子储藏物品

如果你同意储藏孩子的物品，首先请让你的孩子们浏览他们的储物盒和储物箱，并尽可能多地清理不必要的物品，这样可以使尽可能少的物品占据家中的空间。从你同意储存他们的物品直到他们自己从大学毕业或成家立业（或任何时候），不要让他们在储藏物品这方面不知所措，这只会让他们感到消极。

将他们的储物盒及储物箱存放在家中指定的长期储藏区。这些箱子不需要具有获取的便捷性，因为除非你的孩子们去移动它，不然他们是不会想起来去看它的。将这些物品置于储物架的顶层、储藏间或极少使用的橱柜。如果你有足够的空间，最好将他们所有的物品放在一起。

358.一间仓库具有长远的应用价值

如果你的孩子们要储存的东西多于你家里可以储存的数量，你可以考虑购买一间仓库，并将其作为你的一项财产。除非你可以有效地控制仓库的温度，不然请不要将对冷热敏感的贵重物品储藏在这里。当他们将自己的储藏物取走时，你可以将仓库作为园艺或草坪和花园用品仓库再次使用，或者还可以作为孙辈的游戏室。你的孩子们可以付钱给你来购买这间仓库。这是一个双赢的局面——如果他们需要那些自己储藏起来的物品，便能够长期持有，并且这个方法不用再浪费钱在其他地方购买储藏空间。

359.储存运动装备的方法

将你的全部运动装备放在同一个地方，以便你需要它们的时候就能找到。车库或仓库是最合适的地方，因为运动装备是在户外使用的而且经常会被弄得很脏。如果你家里没有车库或仓库，那么地下室或露台是第二选择。

镀锌金属或重型塑料垃圾桶可以储存各种各样的运动装备，例如滑雪杆、棒球棒以及曲棍球棒。使用单独的垃圾桶来储存冬季运动装备和夏季运动装备。把球扔在一个小垃圾桶里或挂在墙上的网袋里。如果需要，还可为每种运动装备单独配备一个容器。

购买墙上安装架来储存滑雪板、自行车或高尔夫球袋等装备。

使用S形的大钩将自行车挂在天花板上。在墙上挂一个打气筒，以便给球和自行车胎打气。

360.制作便携装备包

如果你的孩子需要带装备去锻炼，你可以制作一个便携装备包。将每种不同运动的装备全部放在单独的背包里。在不用的时候将他们用单独的钩子挂在车库里。用记号笔在每个背包上标记运动项目名称、孩子的名字和背包内包含的物品。

361.在车库里为车辆建造房间

车库的主要功能是储藏车，任何在车库内的其他物品都是次要的。因此，请通过组织空间使你的车在它的"家"里生活舒适。按照以下步骤来为你的车辆建造房间：

将所有东西搬出去——是的，所有东西。将你从来没有用过的物品捐赠出去，扔掉或者卖掉。

将你的车开进车库并标记其占用的空间大小，包括你开车门时所占的空间。当你将其他物品移回车库时，请避开这些空间。

将物品放回时把相似的物品放在一起。

为了你储存的所有物品，请将你的车库空间划分为不同的储藏区域。

将储物架和柜橱紧贴墙摆放，或设置独立的重型金属储物架来存放物品。

找一个新的地方来储存不再适用的物品，或者清理掉它们。

如果你已经整理过其他储藏区域，这件事将显得更加容易。

362.划分出停车位

为了避免你的车开得过远或太近，你可以用绳子从天花板上悬挂一只网球或橡皮球，并且调整它的位置，当车开到合适的位置时，使其正好碰到你的前挡风玻璃。这个方法对新司机特别有帮助。

363.储藏工具的方法

使用厚实的分隔板或固定在墙上的行李架来储存大件的工具（机械钻、手锯、自动电平等）；使用带抽屉的坚固储存箱来存放钉子、螺丝、电线、腻子刀以及其他的小型工具；使用金属或重型塑料工具箱来存放螺丝刀、锤子、钳子、美工刀、安全玻璃、卷尺以及手套等基础工具。工具箱可以使工具保持干净和干爽，这是使用完毕后指定存放它们的地方。这样做也使工具有了可移动性，当你在房子周围使用它们的时候，可以很容易地将它们放回正确的位置。

364.储藏园艺工具的方法

为园艺工具指定一个明确的区域，使你在需要它们的时候可以很方便地拿到。在可利用的空间的基础上，你可以将它们存放在车库、阁楼或地下室。请选择一个地点集中存放。

使用钉子、金属支架或墙上行李架来悬挂长柄工具。

安装分隔板来存放各种各样的工具。用记号笔在每件工具周围画出它们的轮廓，以确定使用以后应该将它们分别放在哪儿。

使用有抽屉的塑料、木头或金属的独立容器存放腻子刀、喷灌机喷嘴、麻线、手套和剪刀等小型工具。

在墙上安装梁托以便冬季储存为花园浇水用的软管时使用。

在每次使用过后请清洁工具以保持其锋利度。使用三合一机油擦拭金属部分。

将肥料和盆栽土存放在有盖集装箱里。

365.存放露台家具的方法

冬季的气温对露台家具很不利，在秋天采用适当方法存放它们可以大大延长其寿命。当你坐在室外观赏夜空感到冷的时候，就说明到了储存露台家具的时候了。

在将这些家具存放起来之前，请用柔软的布或海绵以及任何你惯用的多用途清洁品将每一个零件彻底地擦拭干净，并将其完全晾干。考虑在生锈的零件上喷漆，以防止锈迹扩散。

将家具上的靠垫和枕头取下来，存放在阁楼或车库，来保持干爽。

将轻质的座椅叠放在一起，将空间利用最大化。空间允许的话，请将它们存放在阁楼或车库，或者将它们存放在室外桌子的上方、下方或紧贴桌子放置。用防水布紧紧地包裹住所有家具，以防它们被大风吹散，或者用耐用的户外家具套套住它们。

结 语

收纳是一件循序渐进的工作。生活总是在不断变化，所以，我们需要不断地对家中的收纳整理系统进行评估。

如果你想让家中保持整洁，那么就试着每日、每周、每月在日常生活中践行这本书中的理念。如果你养成了新的习惯，收纳工作就会自然而然地成为你生活的一部分。

随着良好的收纳习惯的养成，你会逐渐发现旧的收纳体系已经不能为你服务，这种情况在生活中总会出现几次，尤其是在你的家庭环境发生巨大改变时，或者在搬家期间。或许这就到了把某些东西从家中清理出去，把某些东西重新归置的时候了。有可能你收集了太多的东西，是时候处理掉一些旧物了。当旧的体系已经动摇，而你也感到家中不再整齐有序，发现了问题所在并且用这本书中所提到的小点子找到新的解决办法时，那么这本书对你确实有用。

每当我应邀到一些女士家中去帮助她们完成收纳工作并把家中的杂乱一扫而光时，我都感到由衷的快乐，并能获得极大的满足感。我看到了生活的改变，当她们为自己真正喜爱的东西腾出空间以便让它们"大放光彩"，并从中得到享受时，这些工作为她们带来静谧的时光，帮助她们节省金钱和时间。我由衷地希望这本书能够帮你创造一个真正可以享受的家。

感　谢

特别感谢我的女儿们，她们为这本书提供了很多绝佳的创意，在我写作期间对我抱有十足的信心并一直鼓励我。

谢谢我的朋友们，他们都为这本书的出版而感到由衷的高兴，并且会经常查阅这本书，以便看看针对某些问题我会如何解决。

谢谢杰基，我的编辑，他总是那样积极乐观，我每提供给他新的一章，他都会表现得备受鼓舞。

谨以此书献给那些给我灵感与指导、让我的生活精彩万分的女人们：

我的母亲玛格丽特，

我的姑姑左拉和艾玛，

我的女儿们——辛迪、帕米拉、德比、朱丽叶和杰尼斯，

还有我的表妹凯。

图书在版编目（CIP）数据

简单收纳：创造有序居家环境的365个贴士/（美）玛瑞琳·伯恩（Marilyn Bohn）著；张文思，蒋纯龙，郝培杰译. —济南：山东画报出版社，2017.6

ISBN 978-7-5474-2063-8

Ⅰ.①简… Ⅱ.①玛… ②张… ③蒋… ④郝… Ⅲ.①家庭生活-基本知识 Ⅳ.①TS976.3

中国版本图书馆CIP数据核字（2016）第272804号

责任编辑　郭珊珊
装帧设计　王　钧
主管部门　山东出版传媒股份有限公司
出版发行　山东画报出版社
　　　　　社　　址　济南市经九路胜利大街39号　邮编250001
　　　　　电　　话　总编室（0531）82098470
　　　　　　　　　　市场部（0531）82098479　82098476（传真）
　　　　　网　　址　http://www.hbcbs.com.cn
　　　　　电子信箱　hbcb@sdpress.com.cn
印　　刷　山东新华印务有限责任公司
规　　格　148毫米×210毫米
　　　　　6.5印张　16幅图　150千字
版　　次　2017年6月第1版
印　　次　2017年6月第1次印刷
印　　数　1－4000
定　　价　38.00元
　　　　　如有印装质量问题，请与出版社总编室联系调换。
　　　　　建议图书分类：收纳/家事窍门